U0185463

中国中学生成长百科

不一样的物理课

陈爱峰 著

中国大百科全书出版社

图书在版编目（CIP）数据

不一样的物理课／陈爱峰著．--北京：中国大百科全书出版社，2021.7

（中国中学生成长百科）

ISBN 978-7-5202-0998-4

Ⅰ．①不… Ⅱ．①陈… Ⅲ．①物理学-青少年读物 Ⅳ．①04-49

中国版本图书馆CIP数据核字（2021）第120288号

策划编辑：程忆涵

责任编辑：程忆涵

封面设计：吾然设计工作室

责任印制：邹景峰

营销编辑：王　绚

出　　版：中国大百科全书出版社

地　　址：北京阜成门北大街17号　　　　邮编：100037

网　　址：http：//www.ecph.com.cn

电　　话：010-88390718

图文制作：北京博海维创文化发展有限公司

印　　刷：小森印刷（北京）有限公司

字　　数：250千字

印　　张：15

开　　本：889mm×1194mm　1/16

版　　次：2021年7月第1版

印　　次：2021年7月第1次印刷

书　　号：978-7-5202-0998-4

定　　价：98.00元

目　录

Contents

01 运动

02 力与牛顿运动定律

03 功、能量与动量

电与磁

05 热现象

声与光

近代物理

不一样的物理课

Physical

01 运动

To 同学们：

欢迎你走进物理学的多彩世界。物理学是自然科学中的基础学科，很多科学研究都会用到物理知识。什么是物理学呢？《中国大百科全书》对“物理学”的阐述为：“物理学是研究物质运动最一般规律和物质基本结构的学科。作为自然科学的带头学科，物理学研究大至宇宙，小至基本粒子等一切物质最基本的运动形式和规律，因此成为其他各自然科学学科的研究基础。它的理论结构充分地运用数学作为自己的工作语言，以实验作为检验理论正确性的唯一标准，它是当今最精密的一门自然科学学科。”

我们从分析物体的运动规律开始进入物理学的殿堂。

描述物体运动离不开空间、时间和基本参照，故本章我们需要了解长度和时间的基本定义和单位，以及关于参考系的知识。

物体的运动多种多样，但无论多么复杂的运动都可以看作简单运动的合成，所以我们从简单的运动入手，首先了解速度、加速度的概念，再联系实际，分析几种典型的运动——比如匀速直线运动、自由落体运动、抛体运动、简谐运动等。

亲爱的同学，准备好了吗？我们出发吧！

本章要点

- 速度
- 参照物（参考系）
- 物理量及倍数表示
- 长度及其测量
- 加速度
- 自由落体运动
- 图像工具的应用
- 简谐运动
- 抛体运动

乌龟为什么爬得快？
——初识速度

一天动物们要开会，蜗牛在路上遇到了热心的乌龟。乌龟说："蜗牛兄弟，你到我背上来吧，我背着你去！"于是蜗牛爬到了乌龟背上，它们走了一会儿，遇到了一只翅膀受伤的麻雀，乌龟对麻雀说："你也到我背上来吧，我背着你去！"于是麻雀跳到了乌龟背上。蜗牛见到麻雀，小声地对麻雀说道："你可要站稳了，这位大哥的速度太快了！"

这个笑话的笑点在哪里？蜗牛以自己的速度为参照去评价乌龟的速度，当然是"太快了"，但如果以麻雀飞行速度为参照去对比乌龟的速度呢？

蜗牛每秒钟爬行 2 毫米，乌龟每秒钟爬行 2 厘米，麻雀每秒钟飞行 8 米。乌龟爬行速度大小约是蜗牛的 10 倍，麻雀飞行速度大小约是乌龟的 400 倍。

知识卡片

物体运动的距离（位移）和所用时间的比值即速度的大小，可以用算式表示为：$v=\frac{x}{t}$ 或 $v=\frac{\Delta x}{\Delta t}$。物理学中速度的常用单位是米/秒（m/s）。

除了米/秒（m/s）这个单位之外，人们还常常用另一个单位千米/时（km/h）来表示速度的大小。二者之间的关系是：1m/s=3.6km/h。下表是一些常见运动的速度数值。

常见的运动	速度 /$m \cdot s^{-1}$	速度 /$km \cdot h^{-1}$
人正常步行	1.2~1.6	4~6
长跑竞赛	5~6	18~22
公路自行车赛（弯道）	10~12	36~44
猎鹰俯冲 / 雨燕飞行	30	108
波音 747 飞机飞行	250	900
声音传播（常温常压下）	340	1224
战斗机飞行	500~600	1800~2200
地球公转（平均值）	29800	107280

在一些居民小区里经常可以见到限速“5”（千米/时）的指示标牌，这个限速标准就是参照了人步行时的速度。从安全的角度来讲，居民小区里的车速当然是越低越好，如果所有的车辆都能够参照这个速度标准来行驶，车辆的速度和行人的速度相差无几，那么几乎不会有任何意外发生。实际上，小区 5 千米/时的限速是很难实现的，因为汽车刚进入前行状态时的速度就已超过时速 5 千米。交警部门工作人员也表示，小区限速牌主要起到提醒和警示的作用。

坐地日行八万里，巡天遥看一千河

——参照物

假如你正坐在椅子上看这本书，相对于椅子来说你是静止不动的，但是你以为你真的静止不动了吗？要知道，地球可是正在自转着，你正跟随着地球一起运动呢。地球自转在赤道处的线速度约为 1675km/h，按照这个数值分析，便是所谓的“坐地日行八万里”。

毛泽东诗词《七律二首 · 送瘟神》有“坐地日行八万里，巡天遥看一千河”的句子。毛主席在给周世钊的信中这样注解道：地球直径约一万二千五百公里，以圆周率三点一四一六乘之，得约四万公里，即八万华里。这是地球的自转（即一天时间）里程。坐火车、轮船、汽车，要付代价，叫作旅行。坐地球，不付代价（即不买车票），日行八万里，问人这是旅行么，答曰不是，我一动也没有动。真是岂有此理！囿于习俗，迷信未除。完全的日常生活，许多人却以为怪。巡天，即我们这个太阳系每日每时都在银河系里穿来穿去。银河一河也，河则无限，“一千”言其多而已。我们人类只是“巡”在一条河中，看则可以无数。

由此我们可以看出，物体的静止是相对的，运动是绝对的。没有绝对静止的物体，只有相对静止的物体。

物体的运动具有相对性，分析某个物体的运动应指明参照物(或参考系)。事先选定假设不动的作为基准的物体叫作参照物，与参照物固连的整个可延伸空间即为参考系。任何物体都可做参照物，通常由研究问题的方便程度而定。选择不同的参照物来观察同一个物体的运动情况，结论可能不同。通常选地面为参照物。

思考时刻

三个小朋友骑车去郊游，他们同一时间骑行在同一条平直的马路上，甲同学说：“我感觉顺风，骑行真轻松！”乙同学说：“我感觉没风啊！”丙同学却说：“不对，分明是顶风呀！”那么，他们谁的骑行速度大呢?

最早提出“运动的相对性”问题的是近代科学之父——意大利的数学家、物理学家、天文学家伽利略。在中世纪的欧洲，托勒密的地球中心说长期以来占据着统治地位，而伽利略则拥护哥白尼的太阳中心说。当时的学者们强烈反对伽利略关于“地球在运动”的观点，其中一个重要的理由就是：我们感觉不到地球在运动。实际上地球的自转速度是很大的，在赤道上达到了每秒 460 米。伽利略早在 1632 年就曾指出：坐在封闭的匀速运动的船舱内的人无法观察到船的运动，即船内的人对船的运动状态的判断与船外的人不同，这是因为它们选择了不同的参照物。我们感觉不到地球在运动，与我们乘坐匀速运动的船时感觉不到船在运动的道理是一样的。

写文章或诗作时，利用“运动的相对性”转换写作视角，会给作品带来更多的灵动性和意境。比如李白的一首唐诗《望天门山》这样写道：“天门中断楚江开，碧水东流至此回。两岸青山相对出，孤帆一片日边来。”诗中的“两岸青山相对出”，研究的对象是“青山”，运动状态是“出”，相对于船来说青山是运动的；“孤帆一片日边来”，研究的对象是“孤帆”，运动状态是“来”，相对于地面（或两岸、青山）来说船是运动的。这种转换运动视角的写法能让读者生动地体会到鲜明的画面，如同身临优美开阔的意境之中。

在中国古代，对“运动的相对性”的理解还有相应的故事，比如成语“刻舟求剑”的故事家喻户晓，实际上大家都知道“舟已行矣，而剑不行”，不能用静止的眼光看问题啊。

一个微世纪有多长
——物理量及其倍数表示

很多物理学家的言谈既风趣又有内涵。著名物理学家恩利克·费米曾经说过：一堂课的标准授课时间（50 分钟）接近于一个微世纪。那么，你知道一个微世纪的时间具体有多长吗？解答这个问题，我们不仅需要知道时间（物理量）的概念，也需要知道单位前面加上表示倍数的“帽子”（词头）变成了多少。

1960 年第 11 届国际计量大会（其执行机构为国际计量局）通过了国际单位制（符号 SI，即广为熟知的米制）。在国际单位制中，单位被分成三类：基本单位、导出单位和辅助单位。七个严格定义的基本单位是：长度（米）、质量（千克）、时间（秒）、电流（安培）、热力学温度（开尔文）、物质的量（摩尔）和发光强度（坎德拉）。基本单位在量纲上彼此独立。导出单位则有很多，都是由基本单位组合起来而构成的。

此外，在国际单位制中规定了 20 个 SI 词头，用于构成 SI 单位的倍数单位。

国际单位制基本单位

量的名称	常用符号	单位名称	单位符号	单位定义
长度	L	米（公尺）	m	1 米是光在真空中在 1/299792458 秒的时间间隔内的行程
质量	m	千克（公斤）	kg	1 千克是普朗克常量为 6.62607015×10^{-34}J·s 时的质量
时间	t	秒	s	1 秒是铯 −133 原子基态两个超精细能级之间跃迁所对应的辐射的 9192631770 周期的持续时间

量的名称	常用符号	单位名称	单位符号	单位定义
电流	I	安［培］	A	在真空中相距 1 米的两无限长而圆截面可忽略的平面直导线内通以相等的恒定电流，当每米导线上所受作用力为 2×10^{-7} 牛顿时，各导线上的电流为 1 安培
热力学温度	T	开［尔文］	K	1 开尔文是水三相点热力学温度的 1/273.16
物质的量	n	摩［尔］	mol	1 摩尔是一系统的物质的量，系统中所包含的基本微粒与 0.012 千克碳 −12 的原子数目相等
发光强度	Iv	坎［德拉］	cd	1 坎德拉为一光源在给定方向的发光强度，光源发出频率为 540×10^{12} 赫兹的单色辐射，且在此方向上的辐射强度为 1/683 瓦特每球面度

国际单位制词头

倍数	词头	符号	英文	倍数	词头	符号	英文
10^{24}	尧（它）	Y	Yotta	10^{-1}	分	d	deci
10^{21}	泽（它）	Z	Zetta	10^{-2}	厘	c	centi
10^{18}	艾（可萨）	E	Exa	10^{-3}	毫	m	milli
10^{15}	拍（它）	P	Peta	10^{-6}	微	μ	micro
10^{12}	太（拉）	T	Tera	10^{-9}	纳（诺）	n	nano
10^{9}	吉（咖）	G	Gega	10^{-12}	皮（可）	p	pico
10^{6}	兆	M	Mega	10^{-15}	飞（母托）	f	femto
10^{3}	千	k	kilo	10^{-18}	阿（诺）	a	anno
10^{2}	百	h	hecto	10^{-21}	仄（普托）	z	zepto
10^{1}	十	da	deka	10^{-24}	幺（科托）	y	yocto

现在我们来算一算一个微世纪是多少分钟吧：“微”代表 10^{-6} 倍，“1 世纪”是 100 年，一年是 365 天，1 天有 24 小时，1 小时对应 60 分钟，所以：1 微世纪 $=10^{-6}\times100\times365\times24\times60=$ 52.56 分钟。现在你理解费米的话了吗？

时间的测量

在中学物理课程中，常用（机械式）秒表测量时间。

刻漏

任何一个自身重复的现象均可作为时间的标准。在我国古代，人们用刻漏计时：在一容器中保持恒定水位，由通道向另一容器注水使液面升高，液体使浮子升起来指示时间。中国北宋的沈括设法减小温度影响黏性造成的误差，使计时达到较高精度。伽利略发现了摆的周期性，荷兰的惠更斯发明了擒纵机构保持摆的摆动，使得用摆这一周期现象计时成为可能。经过不断改进，用于实验室的精确的摆钟，其误差在一年中仅有几秒。20 世纪初，人们开始运用石英晶体的压电效应计时，所谓压电效应是指晶体可将机械变形振荡转变为电振荡，到了 20 世纪 40 年代，石英晶体计时已发展为主要的计时标准，每天内的误差约 0.1 毫秒。

摆钟的内部结构

为满足更高的时间标准要求，人们发展了原子钟计时。在美国科罗拉多州的美国国家标准与技术局的一个原子钟被确立为协调世界时（UTC）的标准。1967 年第 13 届国际计量大会将铯 -133 原子钟定义为秒的标准：铯 -133 原子基态的两个超精细能级间跃迁相对应辐射的 9192631770 个周期的持续时间为 1 秒。一般来讲，两个铯钟在运行 6000 年后相差将不超过 1 秒。更为精确的时钟还在研制中。

世界上第一台铯原子钟（英国国家物理研究院，1955）

我们国家采用的北京时间由位于陕西西安的中国科学院国家授时中心负责确定和保持（即中国的原子时系统）。

一些时间间隔的近似值

研究对象	时间间隔 /s	研究对象	时间间隔 /s
宇宙年龄	5×10^{17}	波音 747 飞机北京—上海用时	7×10^{3}
地月年龄	1.5×10^{17}	人相邻两次心跳时间间隔	8×10^{-1}
胡夫金字塔年龄	1×10^{11}	μ 子的半衰期	2×10^{-6}
人的寿命	2×10^{9}~3×10^{9}	核碰撞的时间间隔	1×10^{-22}
一天的长度	9×10^{4}	普朗克时间	1×10^{-34}

如何说明宇宙的腰围
——长度的标准与测量

乍看这张图，感觉左图中两条线段哪个长？右图中两个矩形哪个大？有的同学可能知道答案：线段一样长，矩形一样大（用尺子量量看）。感觉的结果与实际情况不符是视觉错觉造成的。在科学中可不能让错觉影响了精确度！那就需要认真做好测量这件事。

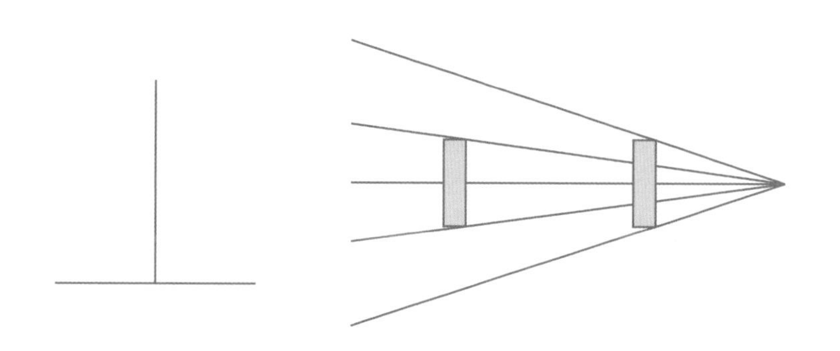

“米”的发展过程

在国际单位制中，长度的基本单位是米（m）。

1790~1792 年，新生的法兰西共和国建立了一套新的量度法则。这套量度的基础就是“米”，当时“米”定义为通过巴黎的地球子午线（经线）自北极至赤道距离的千万分之一，并用金属铂据此标准做出了标准米尺。后来由于做出的标准米尺变形情况严重，又改以铂铱合金（90%的铂和 10%的铱）制造，被人们称作“米原器”。

19 世纪末，一些国家在巴黎开会，公认“米”为通用的长度单位。被选定的铂铱合金米原器保存在巴黎国际计量局，它的强度高，温度和化学的稳定性都比较好，保证了较高的精确度（0.1 微米）。由它校准的复制品送往全世界的标准化实验室。后来，随着测量精度的提高，人们发现通过巴黎子午线自北极至赤道的距离不是准确地等于 1×10^7m，于是科学界开始把视角转向别的方向，试图用自然界中的原子基准重新定义米单位。

1960 年第 11 届国际计量大会对米单位做出了一个全新的定义标准。具体地讲，这项新标准是选取了氪 -86 原子 (氪的一个特定同位素) 在气体放电管中发出的某特定橙红色光的波长作为标准，将 1 米明确地规定为这种光的 1650763.73 个波长。选这个难记的波长数为标准是为使该新标准尽可能与以“米原器”为基础的旧标准相一致。

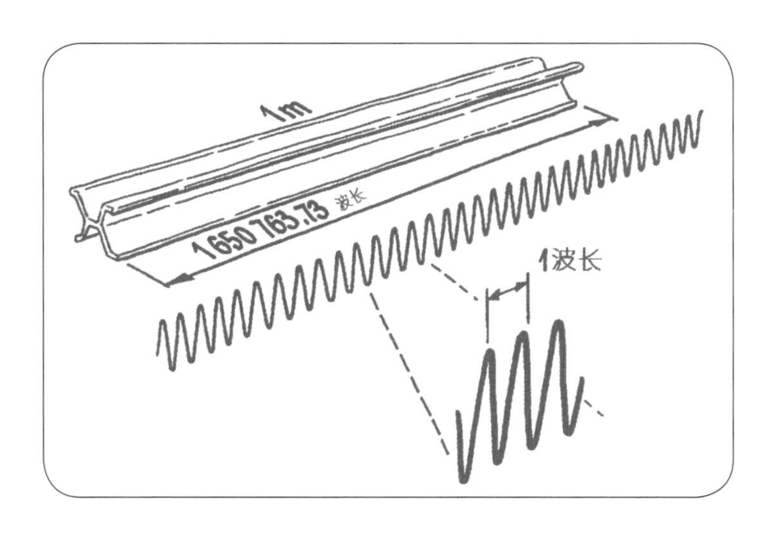

不过到了 1983 年，这种氪 -86 标准也难以满足科学研究对高精度的要求，人们采取了一种更独特的方法：将米重新定义为光在一特定时间间隔内传播的距离。在第 17 届国际计量大会上规定：1 米是光在真空中传播 1/299792458 秒所经路径的长度。这样选定时间间隔，光的速率可以精确写为：c=299792458m/s。正因为光速的测量已经达到相当精确的水平，采用光速来重新定义米才具有意义。

知识卡片

人们在生产生活中使用的长度测量工具不需要像科学研究中那样高度精确，主要有刻度尺（含米尺、皮尺、钢卷尺）、游标卡尺和螺旋测微器（又叫千分尺）等。

游标卡尺　　螺旋测微器

更大的长度单位

目前人类观测到的宇宙拥有数十亿个星系，每个星系又由无数颗星体组成。我们的银河系就是其中的一个星系，一束光要穿越银河系大约需要十万年的时间。面对浩瀚的宇宙空间，人们常用“光年”和“天文单位”作为尺度来度量它的大小。

1 光年等于光在 1 年中的行程，约为 9.4605×10^{15}m（试着算一算）。地球到太阳的平均距离为一个天文单位。1 天文单位约等于 1.496 亿千米（1.496×10^{11} 米）。

一些长度的近似值

研究对象	长度 /m	研究对象	长度 /m
宇宙	2×10^{26}	成年人身高	1.5×10^{0}~2.3×10^{0}
太阳系半径	6×10^{12}	这页纸的厚度	1×10^{-4}
地月距离	3.8×10^{8}	可见光波长	5×10^{-7}
地球半径	6.4×10^{6}	氢原子半径	5×10^{-11}
珠穆朗玛峰高度	8.85×10^{3}	质子直径	1×10^{-15}

速度起飞啦

——加速度

设想这样一幅画面：在雨后平直的铁轨旁边，一只蜗牛正在睡觉，这时匀速驶来一列快速列车，车轮与铁轨的撞击声吵醒了蜗牛，于是它起身另觅休憩之处。你知道吗？此时的蜗牛与列车相比较，有一项运动指标蜗牛竟然绝对胜出——蜗牛有加速度，而列车没有！

再问你一个问题：法拉利赛车和飓风战斗机比赛急加速启动，结果会怎样？2003 年 12 月 11 日，“F1 之王”大舒马赫驾驶着法拉利 F2003-GA 赛车，在意大利格罗塞托空军基地的飞机场跑道上与著名战斗机飓风 2000 上演了一场真正的巅峰对决。法拉利赛车重 0.6 吨，飓风战斗机重 21 吨，由意大利功勋宇航员凯利驾驶。法拉利 F2003-GA 时速可达 369 千米，而战斗机飓风 2000 最大时速可达 2450 千米。二者进行了 600 米、900 米和 1200 米的 3 次比试，在第一次距离最短的 600 米比赛中法拉利赛车竟然赢了！比赛中，飓风战斗机跑过 400 米时就已经起飞，车机竞速，场面极为刺激。上千名观众观摩了此场特殊的比赛，舒马赫说：“这真是一次有趣的经历。比赛给我留下了深刻的印象。”虽然在后两次比赛中赛车落败，但你知道第一次赛车为何会赢吗？有同学会说：赛车加速快呀！那么问题来了：人们用什么来衡量加速的快慢呢？没错，正是加速度。

知识卡片

加速度是指速度的变化量与发生这一变化所用时间的比值，可以用算式表示为：$a=\frac{\Delta v}{\Delta t}$。在国际单位中其单位是米每二次方秒，即米 / 秒 ^{2}，符号是 m/s^2，是描述物体运动速度变化快慢的物理量，又称为速度的变化率。加速度恒定的直线运动称为匀变速直线运动。

加速度是描述速度变化快慢的物理量，所以如果一个物体的速度没有变化，即使速度很大也没有加速度；如果一个物体的速度有变化，即使速度很小也有加速度。前文中蜗牛开始爬，虽然速度小，但它有加速度；匀速驶来的快速列车速度很大，但它没有加速度！法拉利赛车在 600 米比试中战胜了战斗机也是因为其加速度大。当赛车加速到最大速度后开始匀速运动，加速度为零，而战斗机加速度略小于赛车，但可以持续加速较长时间，后面速度越来越快，所以在 900 米和 1200 米的比试中战斗机获胜。

仔细思考赛车和飞机的比试过程你会发现，不论赛车还是飞机，在加速阶段都会有一段速度增加而加速度减小的过程，直到加速度为零，速度不再增加为止。所以在加速阶段“加速度减小”不意味着“速度减小”，而是意味着“速度增加变慢”，此时速度仍然继续增加。好比报纸上的一句话：“近几年，国内房价飙升，在国家宏观政策调控下，房价上涨出现减缓趋势”，如果将房价的“上涨”类比成运动学中的“加速”，则我们可以认为“房价上涨出现减缓趋势”可以类比成“速度保持增加但加速度减小”，结论是房价并没有下跌，只是涨得慢了。异曲同工的是：1972 年，美国总统尼克松在谋求连任的竞选期间，称他在任内要让通货膨胀的加速度减慢，这让尼克松成为历史上第一位用变化率的科学概念证明了自己才能的国家领导人。

你听说过“死亡加速度”吗？

“死亡加速度”这个名词出现在西方的一些国家，其数值是重力加速度 g（约 $10\mathrm{m/s^2}$）的 500 倍。这一数值主要用来警醒世人，交通事故发生时，汽车加速度若达这一数值，将造成人员严重伤亡。正常行驶的车辆（包括赛车）是达不到此值的。但发生交通事故时，如碰撞时间极短（毫秒数量级），可能导致加速度数值很大。

那么人类能承受的加速度数值有多大呢？有几个数据可以参考：

普通人坐过山车会承受大约 5g 的加速度，虽然持续时间较短，但仍使一些人感到恶心难受。

宇航员经过长期训练可以在较长时间内承受 8g 的加速度。

1954 年约翰·保罗·斯塔普博士在美国新墨西哥州创下人类有史以来最快的加速和停止纪录——他承受了 46.2g 的加速度，坐在无风挡的火箭式滑撬车上进行的试验使他失明了两天，还弄断了肋骨、胳膊和手腕。他的研究结果表明只要有适合的姿态和防护装备，人体至少可以承受 45g 的短时过载而不会死亡，但此数值基本上可以认为是人类的极限了。

从以上数值来看，“死亡加速度”绝对名副其实啊！同学们一定要把交通安全牢记在心。

蹦极前如何预测下落时间
——自由落体运动

蹦极是近年来兴起的一项非常刺激的户外活动，是一项勇敢者的游戏，也是世界九大极限运动之一。在蹦极活动中，蹦极者站在高处，把一根一端固定的长长的橡皮绳绑在踝关节处，因为橡皮绳很长，所以当蹦极者两臂伸开，双腿并拢，头朝下跳下去之后，蹦极者可以在空中“享受”一段时间的“自由落体”。当人体落到离水面（或地面）一定距离时，橡皮绳被拉开、绷紧，使人体下落减速，到达最低点时，速度为零，橡皮绳回弹将人拉起，随后到达第二轮的最高点，蹦极者再次落下，这样反复多次，直到回弹停止，这就是蹦极的全过程。此过程令蹦极者不断产生失重和超重的感觉，尤其是在自由下落阶段，人体完全失重，使蹦极者突然处于高度应激状态，肾上腺素等激素瞬时大量分泌，让人感受到强烈的刺激。

那么，这个刺激的“瞬间”究竟有多长呢？

物体只在重力的作用下从静止开始下落运动，叫作自由落体运动。其性质是初速度为零的匀加速直线运动。实际问题中，空气阻力不大、可以忽略时，物体的下落也可近似为自由落体运动。自由落体运动的加速度恒等于重力加速度 g，一般情况下取 g=9.8m/s^2，近似计算取 g=10m/s^2。自由落体运动的末速度、运动时间与下落高度遵循以下规律：

$$v = gt = \sqrt{2gh}$$

$$t = \sqrt{\frac{2h}{g}}$$

蹦极高度一般都在 40 米以上，我们以中国最早的跳台蹦极——北京房山十渡蹦极为例加以分析。北京十渡景区于 1997 年在八渡麒麟山的悬崖上建成了国内首家蹦极跳台，距水面高度 48 米。1998 年，在原跳台旁边又建了一座 55 米高的跳台。我们来计算一下从跳台自由落体的时间吧！根据上面的规律公式可以算出，48 米和 55 米高度的自由落体时间约为 3.1 秒和 3.3 秒，末速度约为 30 米 / 秒和 33 米 / 秒，分别相当于 108 千米 / 时和 118.8 千米 / 时！考虑到橡皮绳的作用，实际在空中第一次自由落体距离小于跳台高度（末速度也相应地小于计算值），但由于蹦极全程包括多次自由落体运动，实际上总自由落体时间比我们计算的要长。在蹦极运动广受欢迎的新西兰，有一个南半球最高的蹦极跳台——“内维斯蹦极”，高度 134 米，自由落体时间 8.5 秒，而用公式计算出第一次自由落体的时间约为 5.2 秒。有些蹦极的跳台高度更高，如美国的皇家峡谷悬索桥蹦极，高达 321 米，这个高度可以让蹦极者体验到约 15 秒的自由落体总时间（公式计算第一次自由下落约 8 秒）和超过 250 千米 / 时的最大下落速度，想一想都很刺激吧！

物体做自由落体运动规律都一样吗？

答案是 YES！

你可能会有疑问：我们都知道，生活中纸片比石块落得慢呀？其实这是因为有空气阻力的影响。如果没有空气阻力，所有物体的下落情况的确是一样的。

这里给同学们介绍一个装置——牛顿管，它又叫作毛钱管（毛指羽毛，钱指铜钱），是一个长约 1 米的玻璃管，一端封闭，一端接抽气阀门，管内有羽毛、小球、小金属片（或小铜钱）等，用抽气机抽成真空并关闭阀门后，可以演示物体下落快慢与重力大小、物体形状无关，很神奇吧？

不过如果你在月球上，不借助牛顿管就可以完成这个实验——因为月球上是真空，完全没有空气的干扰。1971 年 7 月 26 日发射的“阿波罗”15 号飞船首次把一辆月球车送上月球，美国宇航员大卫 · 斯科特做了类似的实验，他在同一高度同时释放羽毛和铁锤，结果发现两者同时落地，表明锤子和羽毛加速度一样大，再一次证实了自由落体运动的规律。

g 值是固定不变的吗？

答案是 NO!

自由落体运动中重力加速度 g 的值跟所处纬度有关，纬度越高，g 值越大。这本质上是由地球自转造成的。

根据自由落体的运动规律，可以用实验的方法测量重力加速度。科学家们在地球的不同地方做了很多精确的实验，实验表明，地球上不同地点的重力加速度数值并不一样，北极的数值就比赤道的数值大一些。下面是部分地区的重力加速度大小。

地点	赤道	广州	上海	北京	莫斯科	北极
纬度	0°	23°06′	31°12′	39°56′	55°45′	90°
g 值 /$m \cdot s^{-2}$	9.780	9.788	9.794	9.801	9.816	9.832

物理游戏屋

平时生活中，有的情况需要我们反应足够快，即反应时间足够短。所谓反应时间，是指我们接收到某种信息或刺激，到我们采取相应行动之间的时间间隔。你可以试试，找一位小伙伴和一把尺子来测量你的反应时间有多长。

请你的小伙伴竖直拿住直尺顶端，同时你用一只手对准直尺零刻度的位置，做好准备。注意你的手不能碰触直尺，另外眼睛看着直尺，而不是注意对方松手的情况。当对方放开手，你在发现直尺下落的瞬间马上握住。读出直尺下落高度，利用上面的知识，就可以算出自己的反应时间了。

人的反应时间一般在 0.2 秒以上，不超过 0.4 秒。经过训练者在某些事情上反应会更快，但最快的反应时间也不会少于 0.1 秒。

运动问题的一种分析工具

——图像

我们都知道汽车在道路上行驶要保持一定的安全车距，为了形象地表示停车距离与车速的关系，《驾驶员守则》给出了安全距离数值和示意图。假设驾驶员的反应时间为 0.9 秒，就可以根据反应时间和车速计算出反应距离，再综合刹车距离，推算出能够保证安全的停车距离。

车速 /km·h^{-1}	反应距离 /m	刹车距离 /m	停车距离 /m
40	10	10	20
60	15	22.5	37.5
80	20	40	60

上面的表格和图示可以让驾驶员清楚地认识到车速对停车距离的影响。在物理课的学习中，图像作为一种形象的工具，不仅能为很多问题的研究带来方便，还能让同学们更清楚地看到问题的本质。下面我们来看看图像在运动问题中的简单应用吧！

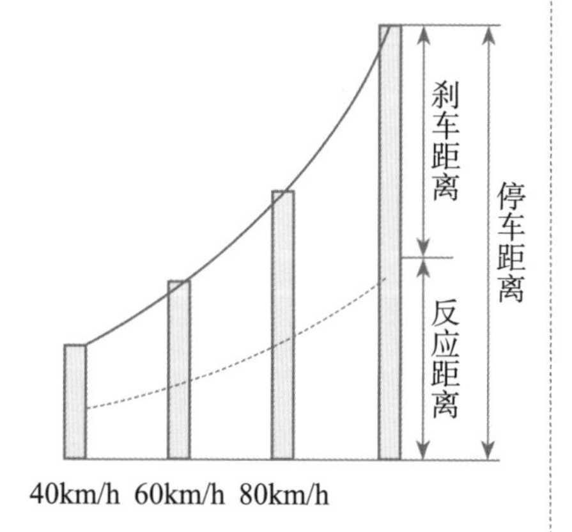

匀速直线运动的图像

匀速直线运动在任意相等的时间间隔内发生的位移相同，拥有最简单的运动图像。其特点是速度不变，位移与时间成正比例，即 $x \propto t$。

假如有 A、B 两个物体在同一条直线上做匀速直线运动，B 的速度比 A 大，它们的运动可用如下图像表示。

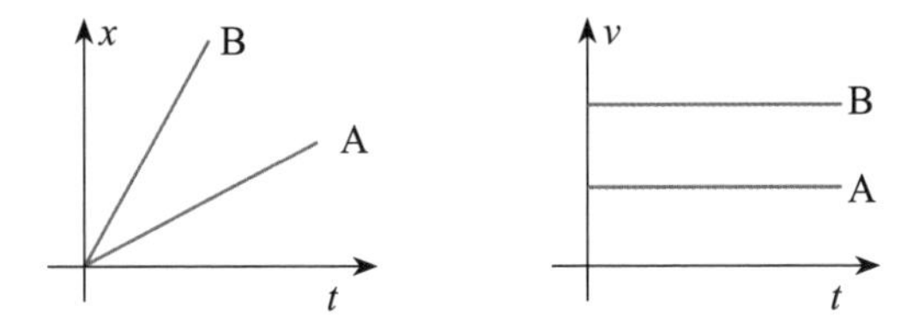

根据速度定义，结合图像可得出，$v=\dfrac{\Delta x}{\Delta t}=\dfrac{x_0-0}{t_0-0}=\tan\alpha$，即位移图像斜率表示物体速度。

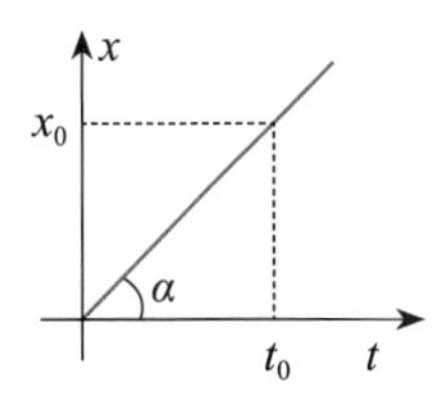

此外，匀速直线运动中，$x=vt$，即位移对应速度图像中矩形面积。

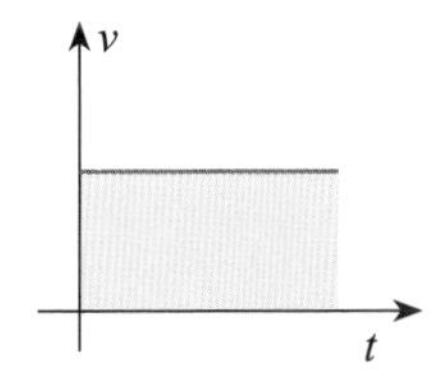

匀变速直线运动的图像

物体沿着一条直线，且加速度不变的运动，叫作匀变速直线运动。匀变速直线运动是所有变速运动中最简单的形式。匀变速直线运动分为匀加速直线运动和匀减速直线运动。因为加速度不变，所以匀变速直线运动的速度随时间均匀变化，即 $v=v_0+at$。如果物体初速度为 0，速度可以写为：$v=at$。根据加速度定义，结合图像可同样得出速度图像的斜率表示物体的加速度。那么，位移怎样表达呢？我们可以借助图像工具采用无限分割法推导出位移的表达式。如图所示，物体以初速度 v_0 做匀加速直线运动，经时间 t，发生的位移为多少？

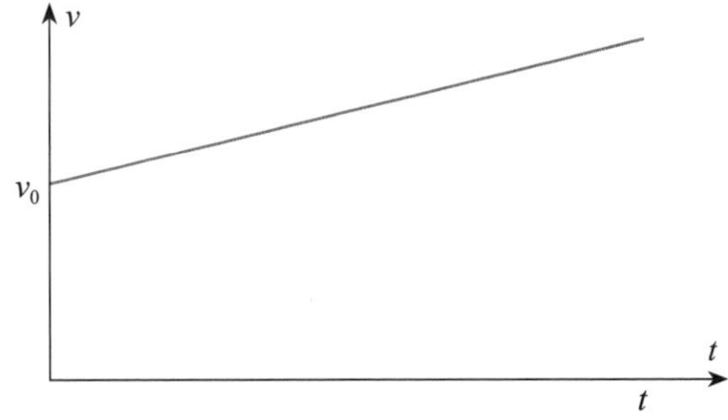

设想：把时间分成许多很小的时间间隔，在每一个小的时间间隔内物体都做匀速直线运动，其位移数值上等于相应时间间隔内速度图像下方窄条矩形的面积，时间分割越细，设想的运动就越接近真实的运动。通过这种无限分割逐渐逼近的方法，可得出物体在时间 t 内发生的位移数值上等于速度图像下方梯形的面积，即推导出了位移的表达式：$x=v_0t+\frac{1}{2}at^2$。

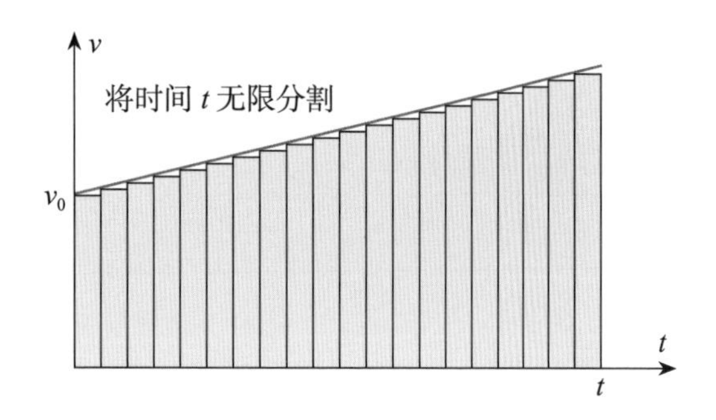

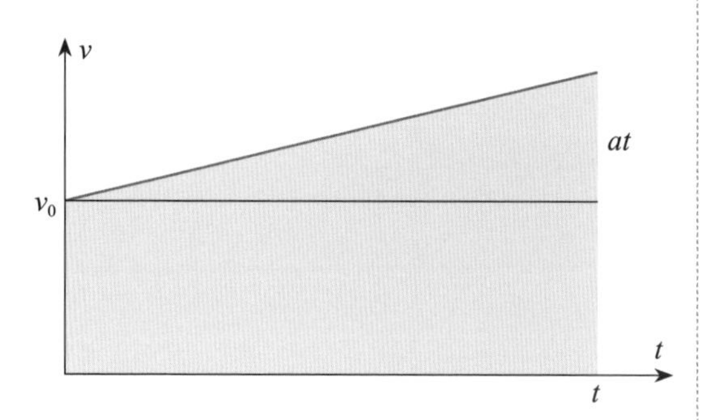

45° 射程最大一定正确吗？
——抛体运动初探

两位同学正在为体育课上即将进行的掷实心球项目争论不休。同学 A 认为，为了取得好成绩，应将实心球按与水平成 45° 的方向掷出，因为大人们经常这样说；同学 B 则认为前面的观点不对，不同的人应该不一样。究竟谁的说法是对的呢？让我们来做一些分析吧。

物体以一定初速度抛出后，若忽略空气阻力，且物体运动在地表附近，它的运动高度远远小于地球半径，则在运动过程中，其加速度恒为竖直向下的重力加速度。因此，抛体运动是一种加速度恒定的曲线运动。抛体运动可分为竖直上抛运动、竖直下抛运动、平抛运动和斜抛运动。对抛体问题的研究，一般应用运动的合成与分解思想。

知识卡片

一个运动可以看成由几个各自独立进行的运动叠加而成，这称为运动的叠加原理。

根据运动的叠加原理，抛体运动可看成是由两个直线运动叠加而成。常见的处理方法是：将抛体运动分解为水平方向的匀速直线运动（初速度 $v_{0x}=v_0\cos\theta$），以及竖直方向的匀变速直线运动（初速度 $v_{0y}=v_0\sin\theta$）。如图，取抛物轨迹所在平面为坐标轴平面，抛出点为坐标原点，水平方向为 x 轴，竖直方向为 y 轴，则抛体运动规律为：

水平方向位移 $x=v_0\cos\theta\cdot t$

竖直方向位移 $y=v_0\sin\theta\cdot t-\dfrac{1}{2}gt^2$

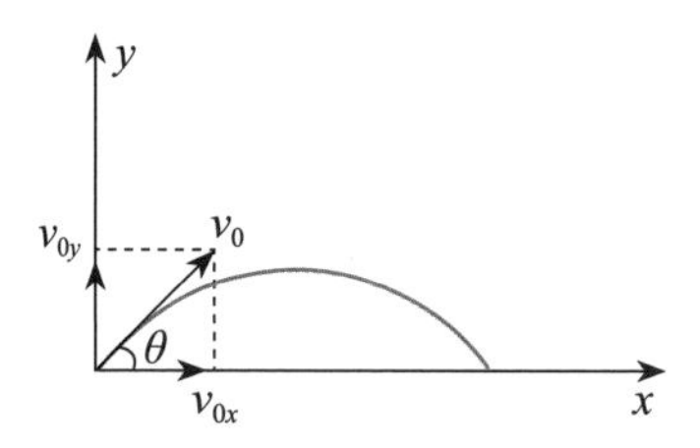

消去 t 可得其轨迹方程为 $y=x\tan\theta-\dfrac{g}{2v_0^2\cos^2\theta}x^2$，是开口向下的二次函数。因此人们把二次函数图像叫作抛物线。

抛体运动具有对称性，抛出点和落地点位于同一水平面时，上升时间和下降时间相等；上升与下降经同一高度时，速度大小相等，速度方向与水平方向的夹角大小也相等。抛出点和落地点在同一水平面时，飞行时间 T，射高 H 和射程 R 的计算公式分别为：

$$T=\frac{2v_0\sin\theta}{g}$$

$$H=\frac{v_0^2\sin^2\theta}{2g}$$

$$R=\frac{v_0^2\sin 2\theta}{g}$$

初速度沿水平方向的抛体运动称为平抛。平抛的分析方法与斜抛是一样的。

45° 射程最大一定正确吗？

答案是：要看情况！

以一定初速度抛出的物体，能获得最大射程的射角叫作最大射程角。从前面射程的表达式可以看出，当 $\theta=45°$ 时，$\sin 2\theta=1$，R 取得最大值 $R=\dfrac{v_0^2}{g}$，这就是人们常说的“45° 射程最大”的原因。但这一结论前提是抛出点和落地点在同一水平面，并且要忽略空气阻力。掷实心球的情况显然不符合这一点：其抛出点高于落地点，而高度差则取决于投掷者的身高和臂长。

所以前文同学 A 的说法是不正确的，在忽略空气阻力的情况下，中学生掷实心球的最大射程角在 42.5° 附近。

空气阻力的影响

事实上，在发射炮弹或射击时，空气阻力对于射程的影响十分明显。

当空气阻力对弹丸射程的影响占主导地位时，其最大射程角小于 45°。比如对于步枪来说，由于弹丸飞行速度受空气阻力影响很大，它的最大射程角只有 30° 左右。当飞行时间对弹丸射程的影响占主导地位时，最大射程角则大于 45°。比如大口径高初速的远射程火炮，当其以大于 45° 的射角射击时，弹丸可以穿过稠密的大气层，以低阻力在空气稀薄的高空飞行，延长了飞行时间，进而获得较大的射程。

二战末期，纳粹德国做出了一种起威吓作用的所谓“巴黎大炮”。其口径为 210 毫米，初速为 1700 米 / 秒，弹重为 125 千克。当其达到 127 千米的最大射程时，弹丸的最大飞行高度可达 39 千米，空中飞行时间长达 3.5 分钟。它的最大射程角是 53°。

摆钟的原理
——简谐运动的应用

你见过摆钟和小机械闹钟的内部结构吗？看过里面的齿轮和弹簧发条后，是否会感叹“原来这么复杂”！虽然时钟内部结构复杂，但其中的原理其实并不深奥。机械闹钟主要利用发条恢复形变所放出的能量，让互相咬合的齿轮带动指针运动实现计时。而摆钟的工作，则离不开一个重要的物理规律——简谐运动的等周期性。

下图中的装置叫作弹簧振子，在弹簧弹性限度内，如果不计摩擦阻力，振子（小球）可以在 $-A$ 与 A 之间做周期性的往复运动，这种运动在物理学中称为简谐运动。图中振子离开平衡位置 O 的最大距离叫作振幅。它是表示振动强弱的物理量，振幅越大，振动越强。振子从 O 点到 $-A$，再运动到 A，最后回到 O 点的振动过程称为一次全振动。做简谐运动的物体完成一次全振动的时长叫作周期，用 T 表示。单位时间内完成全振动的次数，叫作振动频率，用 f 表示。研究和计算都表明，简谐运动的周期是 $T=2\pi\sqrt{\frac{m}{k}}$，与振幅无关，m 是振动物体质量，k 是振动系统固有常数。

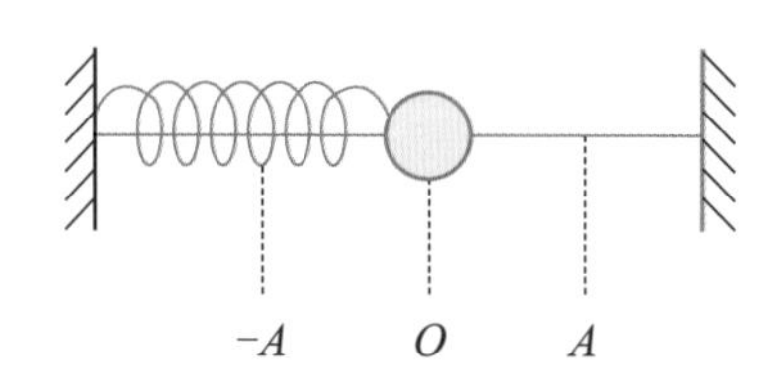

摆的等时性

下图中的装置叫单摆（就像日常生活中的秋千一样），细线连着质量为 m 的小球悬挂在 A 点，当悬挂的小球在最低点附近做小角度往复摆动时，可以看成简谐运动，其运动规律同弹簧振子运动规律一致。研究表明，单摆振动系统固有常数 $k=\frac{mg}{l}$（l 为摆长，即悬点到小球球心距离），所以其周期为 $T=2\pi\sqrt{\frac{l}{g}}$，即单摆摆动周期只和摆长及重力加速度有关，与振幅、摆球质量无关。人们就是利用这一规律制作了摆钟。

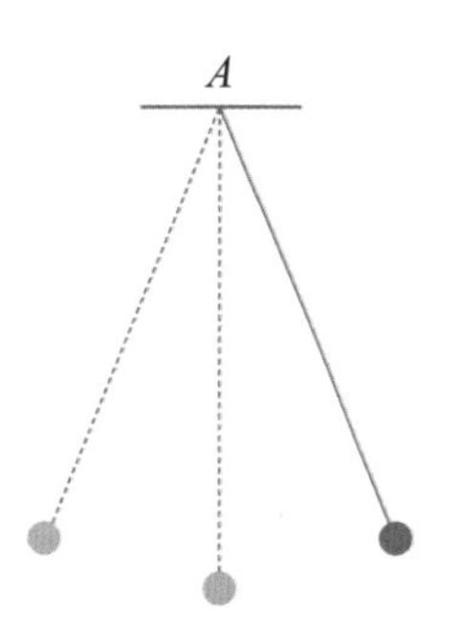

1583 年，意大利物理学家伽利略发现了摆的等时性。1657 年，荷兰物理学家惠更斯利用摆的等时性原理发明了摆钟，后经不断改进沿用至今。

摆钟摆动的部分叫作钟摆，大多数摆钟的钟摆每秒钟摆动一次，有一种小布谷鸟钟的钟摆可以每秒摆动两次，也有些大座钟的钟摆每两秒摆动一次。不论摆动周期多大，每个摆钟的周期都是确定的。钟摆每摆动一次，表的指针就转过一个固定的角度，实现计时。

由于钟摆摆动时受到阻力作用，如果没有动力补给，钟摆振幅会逐渐减小，最终会慢慢停下来，这样的运动在物理学中称为阻尼振动。为了实现摆钟计时的持续性，需要给钟摆补充能量，这就是摆钟需要定期上发条或者使用电池的原因。

英国大本钟内部也有一个巨型钟摆

脑洞物理学

读完本章内容，同学们可以尝试探索以下课题，展开自主研究，体验物理学魅力。

Task1 观察周围环境，举出几个参照物概念在日常生活中应用的例子。

Task2 找一块机械秒表，研究其使用方法。

用这块机械秒表测量自己快速朗读一篇文章的时间，并计算每分钟朗读的文字量。然后观看一段新闻，并用家长的手机录下来，统计播音员一分钟内播报的文字量。谁的朗读速度更快？

Task3 从楼房25层落下的小石块，到地面时速度是多大？

计算一下，如果小石块与地面作用0.1秒就停下，这个减速过程中的加速度是多大，是自由落体加速度的多少倍呢？

（提示：中国《住宅设计规范》中关于层高的规定：普通住宅层高宜为2.80米。通过计算结果，能切实感到高空坠物有多么危险了吧？）

Task4 想一想，如何测量人体指甲的生长速度？

按照你测量的结果，假如一年不剪指甲的话，指甲会长到多长？

（小知识：指甲生长速度不仅因人而异，且受年龄、气候、昼夜循环、营养、性别等因素影响。五根手指之间，指甲生长速度一般也不同。另外，手指甲的生长要快于脚指甲。）

Task5 在外出旅行时，自己测量列车行驶的速度。

中国的高速铁路是电气化铁路。列车行驶时，每过一两秒，窗外就会闪过一根电线杆。如果我们知道了电线杆间距，其实就可以利用简单的时间测量，计算出火车的行驶速度了。可以与列车屏幕上显示的速度核对答案哦。

（提示："电线杆"其实是铁路接触网的支柱。铁路接触网是沿铁路线架设的向电力机车供电的输电线路。支柱间距叫作跨距，在大多数区域中是65米。）

Task6 查阅地球板块构造理论相关资料，并撰写一篇小论文。

（提示：板块构造理论的核心观点，地球板块缓慢漂移的原因，某一板块的漂移速率，十万年后地球板块的分布与现在的差异等。板块的移动虽然十分缓慢，但时间的力量是巨大的。）

学霸笔记

1. 参考系

在描述物体运动时，假定不动用来做参考的物体或物体系。

2. 质点

用来代替物体的有质量的点，是一种理想化模型。研究物体运动时，如果物体形状和大小对研究结果影响可忽略，就可视作质点。

建立理想化模型是分析、解决物理问题常用的方法，是对实际问题的科学抽象，可以使一些复杂的物理问题简单化。物理学中理想化的模型有很多，如质点、轻杆、光滑平面、自由落体运动、点电荷、纯电阻电路等，都是突出主要因素、忽略次要因素的物理模型。

3. 位移和路程

	定义	区别	联系
位移	位移表示质点位置的变化，可用由初位置指向末位置的有向线段表示	位移是矢量，方向由初位置指向末位置，位移与路径无关	在单向直线运动中，位移的大小等于路程；一般情况下，位移的大小小于路程
路程	路程是质点运动轨迹的长度	路程是标量，没有方向，路程与路径有关	

4. 速度和加速度

（1）速度

① 平均速度

定义：运动物体位移与所用时间的比值。$v=\dfrac{\Delta x}{\Delta t}$。

物理意义：描述物体运动快慢。

方向：与物体位移方向相同。

② 瞬时速度

定义：运动物体在某位置或某时刻的速度。公式 $v=\dfrac{\Delta x}{\Delta t}$ 中，$\Delta t \to 0$ 时，v 是瞬时速度。

物理意义：精确描述物体在某时刻或某位置的运动快慢。

方向：与该位置或该时刻物体运动方向相同。

③ 平均速率与瞬时速率

平均速率：运动物体路程与所用时间的比值。

瞬时速率：运动物体瞬时速度的大小，简称速率。

（2）加速度

定义：速度变化量与发生这一变化所用时间的比值。$a=\dfrac{\Delta v}{\Delta t}$。

物理意义：描述速度变化的快慢。

方向：与速度变化量方向相同。根据速度与加速度方向间关系，可判断物体是在加速还是减速。

5. 匀变速直线运动

速度与时间关系：$v=v_0+at$。

位移与时间关系：$x=v_0t+\dfrac{1}{2}at^2$。

6. 自由落体运动

定义：初速度为零，只受重力作用的匀加速直线运动，即 $v_0=0$，$a=g$。

规律：$v=gt$，$h=\dfrac{1}{2}gt^2$，$v^2=2gh$。

7. 形状一致的 $x-t$ 图像和 $v-t$ 图像的比较

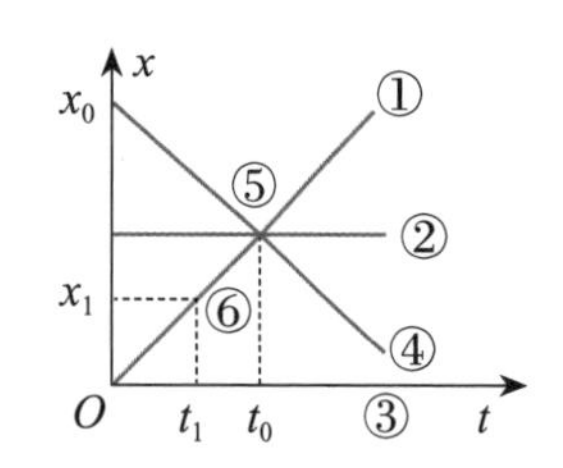

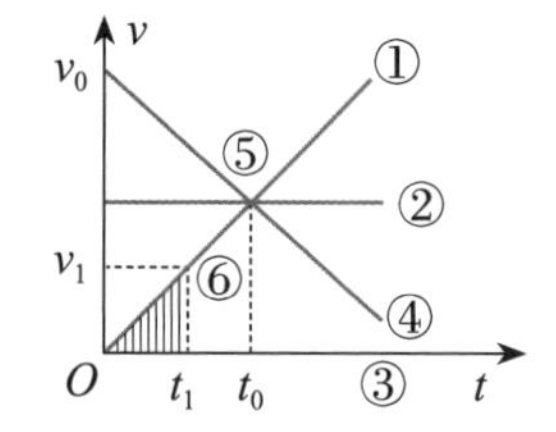

	$x-t$ 图像	$v-t$ 图像
①	表示物体做匀速直线运动，斜率表示速度 v	表示物体做匀加速直线运动，斜率表示加速度 a
②	表示物体静止	表示物体做匀速直线运动
③	表示物体静止在原点 O	表示物体静止
④	表示物体沿负方向做匀速直线运动，初位置为 x_0	表示物体做匀减速直线运动，初速度为 v_0
⑤	交点纵坐标表示三个运动物体相遇时位置	交点纵坐标表示三个运动物体的共同速度
⑥	$0\sim t_1$ 时间内物体位移为 x_1	t_1 时刻物体速度为 v_1，阴影部分面积表示物体在 $0\sim t_1$ 时间内的位移

不一样的物理课

Physical

02 力与牛顿运动定律

To 同学们：

力是贯穿整个物理学的一条重要主线，运动是物理学研究的主要内容之一，力和运动的关系是力学部分的核心内容。其中，许多基本规律和科学思维方法在力学中，甚至在整个物理学中都是相当重要的。中学生在学习中将研究的运动有匀速直线运动、匀变速直线运动、匀变速曲线运动（平抛运动）、匀速圆周运动、简谐运动等，而将会遇到的力有场力（万有引力、电场力、磁场力）、弹力、摩擦力、分子力、核力等。力具有相互性（作用力与反作用力，且具有同时性）、矢量性（力不仅有大小且有方向，运算遵循平行四边形定则），力还具有作用的瞬时性（牛顿第二定律），对时间和空间的积累性（动能定理和动量定理，后面章节我们会讲到）及作用的独立性等。

本章我们就来谈谈力与牛顿运动定律的有关知识吧！

本章要点

- 重力
- 弹力
- 摩擦力
- 浮力
- 惯性
- 牛顿三定律
- 圆周运动
- 开普勒三定律
- 万有引力定律
- 人造卫星的运动

不倒翁的秘密
——重力、重心与平衡状态

“一个公公精神好，从早到晚不睡觉，身体虽小稳定好，千人万人推不倒。”

这个谜语讲的是一种有趣的小玩具，无论你怎么使劲推它都不会倒，甚至你把它横过来放，倔强的它又会站立在你的面前。对，就是不倒翁。那么，不倒翁为什么不会倒呢？

重力与重心

地球上一切物体都受到由于地球的吸引而产生的重力，重力大小与物体质量成正比，表达式为 $G=mg$，其中的比例系数即为重力加速度 g。重力的方向总是竖直向下的，也就是说与水平面垂直向下。重力的单位是牛顿（符号 N）。需要区分的是，我们日常生活中说的“重量”，通常代表物体的质量。

物体的每一部分都受重力作用，分析问题时，我们可以认为重力集中作用于一点——物体的重心。一个物体重心的位置与物体的质量分布和几何形状有关。质量均匀分布且形状规则的物体，重心位于其几何中心。

不倒翁的秘密①

水平面上的物体保持平衡（保持直立姿势不倒下）的条件是：从物体重心向下引出的竖直线在水平面对物体支承的底面范围内。

回到不倒翁的问题。不倒翁都是上轻下重，底部有一个较重的配重块，重心低。观察不同的不倒翁玩具，你会发现它们在外形上有一个共同点：不倒翁的下部都做成了类似蛋壳的半球状，这样的设计是为了扩大不倒翁的支承底面。重点就在这里：当它受力向一边倾斜时，从它的重心向下引出的竖直线还在水平面对它支承的底面范围内，所以它不会倾倒。

原来我只是没有摔倒?！……

人可以用双脚稳稳地站立在地面上，也是因为从人的重心引下的竖直线在地面对两脚所形成的支承底面范围内，而单脚站立更困难的原因就在于地面对脚的支承面小了很多。杂技项目“顶竿”重要的成功技巧是要保持从长竿重心引出的竖直线在表演者对竿下端形成的支承面范围内，也是同样的道理。

醉汉走路摇摇晃晃而没有跌倒，原因是类似的。说起走路，我们容易发现人的重心竖直线肯定会超出双脚的底面范围，但人为什么没有摔倒呢？这是因为：人往前迈步，假如是左脚迈出，重心竖直线超出了右脚的底面范围，人就要向前倒，当这个跌倒还没实际发生时，迈出的左脚就已经落在前方地面上了，重心竖直线又重新落回到双脚的底面范围。这样就实现了人向前迈一步，但身体并没倒下。实际上走路就是不断向前倾倒，但在跌倒前，人的动作又使人及时满足了在水平面上保持直立姿势不倒下的条件。

不倒翁的秘密②：平衡状态

不倒翁受力倾斜后为什么还会摆回来呢？这就要用另外的知识来解释了。在外力去除后，不倒翁能自行回复到平衡状态，说明不倒翁具有一种抵抗外力干扰保持平衡的能力，这就是平衡的稳定性。常见的物体平衡状态可分为三种类型：稳定平衡、不稳定平衡和随遇平衡。

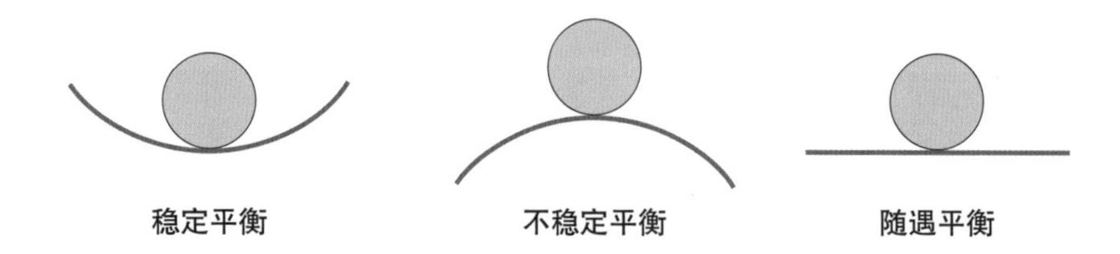

稳定平衡　　不稳定平衡　　随遇平衡

稳定平衡：在被移动离开平衡位置后，仍能恢复到原来平衡状态的物体，原来所处的平衡状态叫“稳定平衡”。典型实例是一个圆球体在一个凹型小槽中的情形。

不稳定平衡：在被移动离开平衡位置后，不能恢复到原来平衡状态的物体，原来所处的平衡状态叫“不稳定平衡”。典型实例是一个圆球体放在一个凸面上的情形。

随遇平衡：在被移动离开平衡位置后，能在新的位置重新平衡的物体，原来所处的平衡状态叫“随遇平衡”。典型实例是一个圆球体在一水平平面上的情形。

一个简单的判断方式是看物体离开原平衡位置后其重心的升降情况：物体离开原平衡位置后其重心升高的是稳定平衡；物体离开原平衡位置后其重心降低的是不稳定平衡；物体离开原平衡位置后其重心高度不变的是随遇平衡。

再回到“不倒翁为什么会摆回来”的问题。不倒翁的结构使得它在水平面上时处于稳定平衡，即只要受到外力作用离开原平衡位置，其重心将升高，一旦外力作用消失，它就要恢复到原来的平衡状态，于是就表现为往回摆。具体原理是这样的：不倒翁倾斜时受到两个力矩作用，一是外力形成的干扰力矩，另一个是由自身重力形成的抵抗力矩。抵抗力矩和干扰力矩方向相反，当干扰力矩消失，抵抗力矩就会把不倒翁往回拉。直立时不倒翁重力作用线和支承点位于同一直线上，故重力力矩为零。一旦不倒翁受外力作用发生倾斜，重力作用线和新的支承点不在同一直线上，重力力矩就随之产生。

知识卡片

力矩是表示力对物体作用时产生的转动效应的物理量。力和力臂的向量积为力矩。力臂则是力的作用线到转动轴的垂直距离。与动力对应的力臂叫动力臂，与阻力对应的力臂叫阻力臂。想一想，不倒翁被推倒时，重力的力臂是如何变化的?

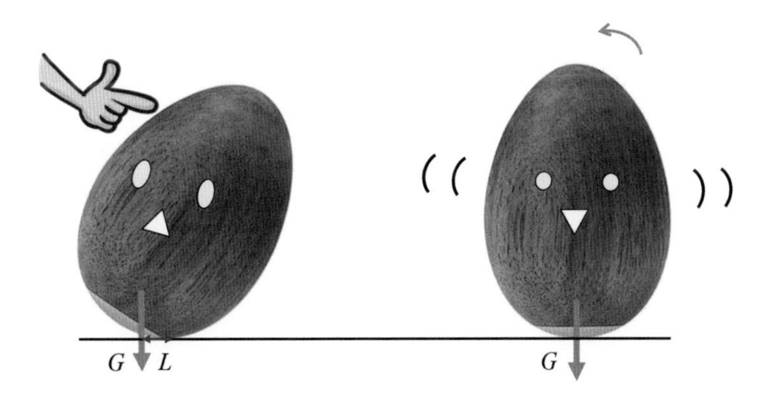

不倒翁倾斜时支承点变化，重力作用线偏离支承点，此时重力力臂 L 不为 0

最后再举一个现实中的例子。你听说过“空中悬挂列车”吗？空中悬挂列车是以车厢悬挂的方式在空中轨道下方运行的列车，看起来好像很危险，不过从平衡角度讲，它比双轨火车还要稳定。因为空中悬挂列车处于稳定平衡状态，而普通列车处于随遇平衡状态。在德国，悬挂式空列已有百年发展历史。同地铁及轻轨相比，悬挂式空列还有造价低、噪音低、通过性高等特点。

形变相同，疼痛度不同……
——压力的规律

在一次世界杯排球比赛中，中国队的主攻手王一梅一个大力扣杀击中日本球员木村纱织，后者被当场击晕倒地。日本电视台更是以“中国队终极武器”为题，播出了中国队员王一梅的扣球视频，并在场外做了实况测试，总共进行了三轮：第一次以相同球速射出排球，测得王一梅一记重扣大约相当于质量为 150kg 的物体所产生的冲击力；随后用厚约 1.5cm 的木板测试，在球击中的瞬间，木板立刻断裂；第三次用空手道专用的瓦块测试王一梅的扣球破坏力，5 块专用瓦块被同样速度的排球击中，有 4 块瞬间被击碎。这种暴扣的力量让在场的主持人瞠目结舌，忍不住感叹：“木村该会有多疼啊！”

所以，同学们进行体育运动也要注意安全哦。不过，从物理学的角度，该如何测量排球击打在地面上的瞬时作用力呢？其实通过简单的实验就可以做到，这就要用到有关弹力的知识了。

弹力与胡克定律

物体受力会发生形变。形变分为弹性形变和塑性形变。撤去外力作用后能恢复原状的形变叫弹性形变；撤去外力作用后不能恢复原状的形变叫塑性形变，也叫范性形变。物理学中把发生形变的物体由于要恢复原状而对与它接触的物体产生的作用力叫作弹力，通常所说的压力、拉力、支持力和张力等都属于弹力。

物体受到外力作用时，在不超过某一极限值的情况下，若外力作用停止，其形变可全部消失而恢复原状，这个极限值称为“弹性限度”。弹性限度也称为“弹性极限”。17 世纪英国杰出的科学家胡克曾指出：在弹性限度内，弹力和弹簧形变大小（伸长或缩短的量）成正比，此即物理学中的胡克定律。这一定律也可以适用于其他的一些物体。胡克定律的表达式是 $F=kx$。式中 k 是弹簧的劲度系数，单位是牛顿 / 米，用符号 N/m 表示；k 的大小由弹簧自身性质决定；x 是弹簧长度的变化量，而不是弹簧形变以后的长度。

利用等效原理测量弹力大小

物理规律告诉我们，弹力（如压力）会使物体发生形变，形变量的大小与施加的力的大小有关，压力越大，形变就越大。我们可以利用这一点来测量排球击打地面的瞬时作用力。

准备好一台电子秤、一张纸和一盆水，首先把纸在水平地面上铺好，让排球蘸上水，然后用力朝着地上的纸击打排球，被排球击打后的白纸便会留下一个圆形的水印。接下来，把这张纸平铺在电子秤上，拿来刚才的排球放在纸上，注意要保证开始的接触点在圆形水印的中心，然后用力慢慢向下挤压排球，直到排球跟纸接触的下底面与纸上的水印重合。此时，电子秤受力就与排球击打地面的瞬时作用力大小一致，我们读取示数即可。怎么样，很简单吧？

上述方法是利用等效原理进行的测量，等效原理可以把不易测量的量间接测出来，是物理学中的一个重要原理。比如在“曹冲称象”的故事里，小天才曹冲就是使用等效原理称出了大象的质量。

科学家故事：多才多艺的胡克

胡克定律只是这位涉猎广泛的科学家众多贡献中的一项。

罗伯特·胡克，英国科学家、发明家，1635 年出生。他从小体弱多病，但心灵手巧，喜欢动手做机械玩具。10 岁时，他对机械学产生了强烈兴趣，为日后在实验物理学方面的发展打下良好基础。1648 年父亲逝世后，胡克被送到伦敦一个油画匠家里当学徒。后来在威斯特敏斯特学校校长帮助下修完中学课程。中学期间仅用一周时间就读完了欧几里得《几何原本》前六卷，并马上把数学知识应用到机械设计中，做出 12 种机械结构和 30 种飞行方法的设计。

1653 年，胡克进入牛津大学学习，结识了一些颇有才华的科学界人士，这些人后来大都成为英国皇家学会骨干。大学期间胡克热心于参加医生和学者活动小组，显露出独特的实验才能。1655 年，胡克被推荐给化学家玻意耳当助手，进入其实验室工作。从 1661 年起，参加皇家学会研究重力本质的专门委员会的活动。1663 年，获得硕士学位，并当选皇家学会会员，同年起草了皇家学会章程草案。1665 年，担任格列夏姆学院几何学、地质学教授，并从事天文观测工作，同年发表《显微图集》一书。1666 年伦敦大火后，他担任测量员及伦敦市政检察官，参加伦敦重建工作，参与设计了大半个城市的重要建筑和城市管线。

1676 年，胡克发表了著名的弹性定律。在万有引力定律的发现中，他实际也起了重要作用。1679 年胡克写信给牛顿，在信中指正了牛顿的错误——牛顿认为引力是不随距离变化的常量。胡克给出了万有引力与距离平方应成反比的正确结论。牛顿没有回信，但接受了胡克的观点，稍后在开普勒关于行星运动的第三定律基础上用数学方法导出了万有引力定律。1686 年牛顿将载有万有引力定律的《自然哲学的数学原理》第一卷稿件送给英国皇家学会时，胡克要求牛顿承认他对于“平方反比定律”的优先权，牛顿断然拒绝，并在书中删掉了大多数提到胡克的话。

自 1677 年起胡克就任英国皇家学会秘书并负责出版皇家学会会刊。他规定学会的宗旨是“靠实验来改进有关自然界诸事物的知识，以及一切有关的艺术、制造、实用机械、发动机和新发明”。胡克作为该学会的实验工作与日常事务操办人，在长达 20 多年的学会活动中，接触并深入到当时自然科学最活跃的前沿领域，且均做出自己的贡献。

1703 年，胡克因病逝世于伦敦，终年 68 岁。

假如我们的世界不存在摩擦力
——谈谈摩擦的种类与规律

摩擦力在我们生活的世界中无处不在，可以说衣食住行处处都离不开它。不过你是否有时会觉得摩擦力很烦——一个光滑的世界该有多好啊！那就想象一下吧，假如世界没有了摩擦力，你的生活会变成什么样子呢？

消失的摩擦力

我真诚地希望摩擦力赶快消失。

因为没有了摩擦力，拉重物就不会觉得费力，磁悬浮列车和火箭速度可以更快，返回舱穿越大气层也不会与空气摩擦而生热。人类不用再洗手，因为手上面很干净，细菌都滑下去了。打火机也会打不着，抽烟的人就没办法点火了，只好纷纷戒烟。

真希望摩擦力赶快消失啊！我这样想着，突然，摩擦力真的消失了！

今天是星期六，所以我要去上二胡课。没想到刚迈出一脚，一下就滑倒了。经过多次反复站起又滑倒后，我放弃了去上课的想法，只好向老师请了假，自己在家里练习。我想把二胡从盒子里拿出来，可是却怎样也不能翻开盒盖。在一次次的失败之后，我成功了。本以为应该可以顺利进行下去了，可是拦路虎却又接二连三地出现：我坐在一把木椅子上，准备开始练，可是钉子和木头之间没有了摩擦力，咣当一下散架了，差点把屁股摔成八瓣！为了防止这样的意外再发生，我又找了把塑料椅，这样总没事了吧。可是最后我发现，无论怎样也不可能把二胡竖着握住，它一次又一次无止境地滑下去，最后我放弃了，在椅子上坐了一整天。

这就是我的周末。没有摩擦力的世界真麻烦！

这篇小作文有趣吗？不过在阅读过程中你可能已经发现了，文中的一些细节并不符合物理规律。假如没有摩擦力，滑倒的人是无法站起来的，另外无论尝试多少次，也不可能打开乐器的盒盖。没有了摩擦力，不仅木椅子会散架，坐在塑料椅子上也同样行不通。还有，你也无法将二胡拿起，所以也不存在二胡竖起来又滑下去的现象。

摩擦与摩擦力

摩擦分为静摩擦、滚动摩擦、滑动摩擦三种。摩擦力是指相互接触且挤压的粗糙物体间有相对运动或相对运动趋势时，在接触面上产生的阻碍相对运动或相对运动趋势的力。摩擦力的方向总与相对运动或相对运动趋势方向相反，但与物体的运动方向不一定相反，在实际的复杂问题中，摩擦力方向可以与物体运动方向成任意角度。

摩擦力可以是阻力，也可以是动力。倾斜的传送带向上运送物体的摩擦力就是动力。受静摩擦力作用的物体不一定静止，受滑动摩擦力作用的物体不一定运动。接触面处有摩擦力时一定有弹力，且弹力与摩擦力方向总是垂直的，反之则不一定成立。

接触面材料一定时，滑动摩擦力大小与压力成正比，与物体运动快慢无关，和物体间接触面积大小也无关。表示滑动摩擦力大小的公式为：$f=\mu F_N$，式中希腊字母 μ（音 miù）是比例系数，称为动摩擦因数或摩擦系数，它的大小取决于接触面的属性。此公式是 1699 年法国物理学家阿芒顿提出的，故称为阿芒顿定律。

不如研究一下香蕉皮的摩擦系数吧？

滚动摩擦力，是物体滚动时（接触面一直在变化）所受的摩擦力。它实质上是静摩擦力（想一想为什么）。同样的压力下，物体之间的滚动摩擦力远小于滑动摩擦力。骑过自行车的同学都知道，当自行车胎没气的时候骑起来比较吃力。你知道这是为什么吗？因为自行车在前行时受到滚动摩擦力的阻碍，而滚动摩擦力有个特点，就是接触面越软，即形状变化越大时，滚动摩擦力就越大。

物体受到的静摩擦力随着其他力变化而变化，当静摩擦力增大到最大静摩擦时，物体就会运动起来。因此静摩擦力数值在一个范围内，即 $0 < f \leqslant f_{max}$。静摩擦力大小与压力无关，但最大静摩擦力大小正比于压力。最大静摩擦力是略大于滑动摩擦力的。

有时“拒绝粗糙”，永远“必不可少”

摩擦力对我们的生活有利有弊，所以我们有些地方要利用摩擦，有些地方却要减小摩擦。以自行车为例，自行车的轮胎、脚蹬、把套、刹车橡皮及各处紧固螺丝等都要利用摩擦，而前轴、中轴、后轴、把轴、脚蹬轴等各种需要转动的地方都要减小摩擦。

体育运动也与摩擦力有关，有的运动跟摩擦力的关系非常密切。在被称作“冰上国际象棋”的冰壶运动中，刷冰员持毛刷在冰壶滑行的前方快速左右擦刷冰面可控制冰壶准确到达营垒的中心。游泳比赛中，专业运动员常穿着特制的“鲨鱼皮”游泳衣，减小水的摩擦力（即水的阻力），有助于提高成绩。体操运动员做单双杠前和举重运动员抓杠铃前都会在手上抹上碳酸镁粉，目的是加大手掌和器械接触面之间的摩擦力。在草场上踢足球的运动员穿的鞋都是长钉足球鞋，能克服平底鞋摩擦小易滑倒的不足。

最后，我们来看看一位物理学家对摩擦现象做的生动描写：

> 有时我们走上结冰的路面，为了保持身体不跌倒，得花费多少力气，为了站稳又得做多少可笑的动作。这使我们不得不承认，平时所走的路面有一种宝贵的性质，由于这种性质，我们才不必特别用力就能保持平衡。在应用力学里，我们常常把摩擦说

成是不好的现象，这当然是对的，可是也只有在几个特定的领域里才是对的。至于别的一些情况，我们应当感谢摩擦：它使我们能毫不提心吊胆地走路、坐在椅子上工作，它使书和笔不会落在地板上，使桌子不会自己滑向墙角，也使笔不从你的手里滑落。摩擦是一种非常普遍的现象，多数情况下，我们不用去寻找它，它自己就会来帮我们的忙。如果没有了摩擦，任何建筑都不可能被建造起来，螺钉会从墙上滑出来，我们的手也不能拿起任何东西，一旦风起了便永远不会平息……

现在不讨厌摩擦了吧？

友谊的小船翻了，此时液面如何变化？——阿基米德原理

友谊的小船有时说翻就翻……那就来做个“翻船”实验吧！想象一下，如果你从小船上掉下去，并且不会游泳，那么你就会慢慢沉入水底……别急！你穿着潜水服呢，这下没有生命危险了，热爱物理学的你暂时忘记了友谊的问题，在水底陷入沉思：自己沉入水中后的水面跟船翻之前的水面相比，是上升了还是下降了？还是说没有变化？

浮力与阿基米德原理

浸在液体中的物体受到液体的浮力大小等于物体所排开液体的重力。这个规律是阿基米德首先提出的，故称为阿基米德原理。这一结论对部分浸入液体和完全浸没在液体中的物体都是成立的，对于浸在气体中的物体也成立。阿基米德原理可以用公式表示为：

$$F_{浮}=G_{排液}=m_{排}g=\rho_{液}gV_{排}$$

其中，密度 ρ 是指物体质量与体积的比值。

我们对前述问题做一下分析。船翻之前，人和船静止在水面上，总浮力（即排开的水的重力）等于总重力；船翻后，人沉入水底会受到水底地面的支持力，人受的支持力和浮力加上船受到的浮力等于总重力，新的总浮力小于总重力。因此总浮力减小了，也就是说排开的水的重力或排开的水的体积减小了，所以结论是：水面会下降！

我们还可以用一种等效方法更加直观地理解：人沉底之前可以等效地认为人被绳子挂在船的底部，这时人和船整体静止，总浮力（即排开的水的重力）等于总重力；人沉入水底相当于把绳子剪断，绳子被剪断后，人下沉的同时船会上浮一些，导致水面下降。

那么，铁块会漂浮在水面上吗？当然不会。可是为什么铁做的轮船就能漂浮在海面

上？这就要从浮沉条件来分析了。

如何判断物体浮沉

物体在液体中有几种常见状态：漂浮，悬浮，沉底。从一种状态到另一种状态的过程称为上浮或下沉。可以从两个角度来判断物体的浮沉，如表格所示：

	漂浮	悬浮	上浮	下沉
受力的角度	重力 G = 浮力 F	重力 G = 浮力 F	重力 G < 浮力 F	重力 G > 浮力 F
密度的角度	$\rho_{物} < \rho_{液}$	$\rho_{物} = \rho_{液}$	$\rho_{物} < \rho_{液}$	$\rho_{物} > \rho_{液}$

铁块不会漂浮在水面上，是因为铁块的密度比水大，但铁块可以漂浮在水银（汞）中，因为铁块的密度比水银小。轮船外壳虽然主要由钢铁制成，但轮船内部中空体积很大，平均密度比水小，可以漂浮在大海上。

死海不“死”

“死海”其实不是“海”，而是世界上最咸的咸水湖，它也不会淹死人。语文课本里说：“人可以在死海中自由游弋。即使不会游泳的人，也总会浮在水面上。”其中的原因就是死海水的密度大于人体密度，所以人总能漂浮在水面上，而不会下沉。

在死海里悠闲地看书也不错呢

科学家故事：国王的金冠到底掺假没？

两千多年前，在古希腊西西里岛的叙拉古，有一位伟大的学者。他一生勤奋好学，专心致志地研究各种知识，热爱祖国与人民，受到人们的尊敬与赞扬。他就是阿基米德。

阿基米德曾发现杠杆定律和以他的名字命名的阿基米德定律。他利用杠杆原理制造了一种叫作石弩的抛石机，扼制了罗马军队战舰的进攻。他有一句名言：“给我一个支点，我可以撬起地球。”阿基米德一生有很多传奇，其中有一件至今被人们津津乐道，就是他发现浮力规律——阿基米德原理的故事。

相传叙拉古国王请一位手艺高明的工匠替他打造一顶纯金皇冠，国王给了工匠所需要的数量的黄金。工匠返回的皇冠精巧别致，而且重量跟当初国王所给的黄金一样重。可是有人向国王报告工匠制造皇冠时私吞了一部分黄金，掺了银子进去。国王听后就把阿基米德找来，要他想办法鉴定皇冠里是否掺了银子，但不能破坏皇冠。这个难题可把阿基米德难住了，他冥思苦想许久，却无计可施。一天，他在家洗澡，脑子里还想着皇冠的难题。当他坐进澡盆时，他注意到水往外溢，同时感到身体被水轻轻托起。这一现象令他灵感大发，他立刻跳出浴盆，忘了穿衣服，就跑到满是人群的街上去了，一边跑一边大叫："我想出来了！我想出来了！"

"Eureka!——"（我想出来了！）

阿基米德进皇宫后给国王做了一个实验：他将与皇冠等重的金银各一块及皇冠依次放入装满水的盆里，结果金块排出的水量比银块排出的水量少，而皇冠排出的水量比金块排出的水量多。阿基米德于是断定皇冠掺了银子。国王和大臣不明白其中的道理，阿基米德给他们解释说："一样重的木头和铁比较，木头的体积大。如果分别把它们放入水中，体积大的木头排出的水量，会比体积小的铁排出的水量多。我把这个道理用在金子、银子和皇冠上。一样重的金子和银子，银子的体积大。所以同样重的金块和银块放入水中，那么金块排出的水量就比银块的水量少。刚才的实验中，皇冠排出的水量比金块多，这就证明皇冠不是用纯金制造的。"阿基米德的一番话让大家心悦诚服。

后来阿基米德继续思考这件事，从中发现了浮力定律（即阿基米德原理）：物体在液体中所获得的浮力，等于其排开液体的重力。阿基米德发现的浮力原理，奠定了流体静力学的基础，直到今天，这一原理在我们生活中的应用仍然十分广泛，我们可以利用这个原理计算物体密度，也可以用这个原理测定船舶载重量。再如军事上的潜水艇，还有庞大的航空母舰能够漂浮在大海上，都是阿基米德原理的具体应用。

动作电影中的物理学

——惯性与牛顿第一定律

“如果你不得不从行驶的车里跳下去，那么跳下时要向前跳还是向后跳？”面对这一问题，很多人的回答都是相同的：“惯性的存在决定了人应该往前跳。”那么，什么是惯性，这一回答又是否正确呢？

知识卡片

惯性是物体具有保持原来匀速直线运动状态或静止状态的性质。惯性是一切物体都具有的性质，质量是惯性大小的唯一量度，质量大的物体惯性大，质量小的物体惯性小。惯性与物体的运动情况和受力情况无关。

牛顿第一定律：一切物体总保持匀速直线运动或静止状态，直到外力迫使它改变运动状态为止。这一定律前半句话指出了一切物体都有惯性，因此牛顿第一定律又叫惯性定律。定律后半句话指出力不是维持物体运动状态的原因，而是改变物体运动状态（产生加速度）的原因。

伽利略通过科学推理认为：如果一切接触面都是光滑的，一个钢珠从斜面的某一高度处静止滚下，由于没有阻力产生能量损耗，那么它必定到达另一斜面的同一高度处。如果把斜面放平缓一些，钢珠还是会到达另一斜面的同一高度。如果斜面变成水平面，则钢珠找不到同样的高度而会一直运动下去。

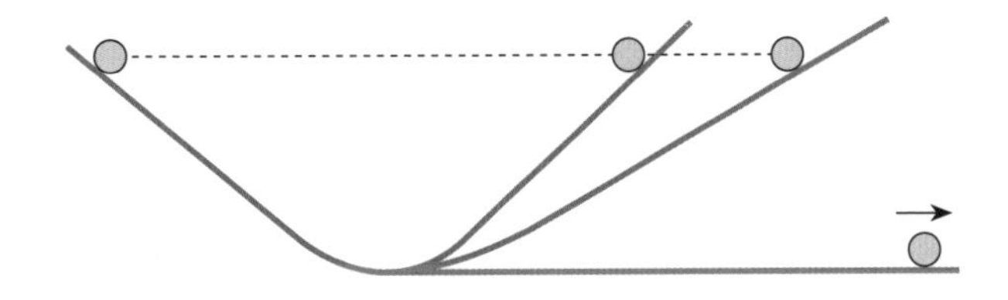

伽利略通过“理想实验法”得出的这一结论，已初具牛顿第一定律的思想萌芽。

让我们回到一开始的问题。当紧急情况发生，人从行驶的车里往下跳时，身体虽已离开车厢，但由于惯性，身体还保持着车辆向前的速度。因此，我们在往前跳时，前行的速度不仅没有消除，反而还加大了。这显然增大了落地的危险性，单就这一点而言，我们绝不应该朝着车行的方向往下跳，而应该是往相反的方向跳。如果我们向后跳，这时跳车的速度就与惯性作用下身体前行速度方向相反，会抵消一部分，这样一来我们的身体落地时速度就较小，接触地面时更安全。

但是，实际情况要更复杂。从现实角度讲，人从车里往下跳时，几乎都是面向车行方向的。当然，经验表明，这的确是相对较好的方法。这就使人迷惑了，到底是为什么呢？

前面关于惯性的解释并没有问题，问题在于还要考虑跳车落地时跌倒的危险，而往哪个方向跌倒对于人的安全的影响结果截然不同。无论我们是向前跳还是向后跳，落地的时候都有跌倒的危险，因为我们的双脚在落地时已经停止运动了，而由于惯性身体却仍然具有速度。往前跳时，我们会习惯性地往前迈出一只脚（如果车速快，还会向前跑几步），这就可以防止跌倒。即便我们真的往前跌倒了，那我们还会下意识地用双手撑住地面，以减少受伤的程度。而往后跳就不同了，如果车速稍快，就极易发生仰跌的危险，这对人体的伤害是很大的。这就是现实生活中紧急跳车向前跳的原因——往前跳更为安全是因为我们自身的防御作用战胜了惯性的影响，而并不是惯性不起作用。极少数有经验的人会这样做：往后跳且在落地前转身，面朝前落地，然后跟着车跑几步。这种方法可谓一举两得：既减少了惯性带来的身体速度，又避免了发生仰跌的危险。

惯性现象在生活中随处可见：公共汽车司机遇到险情猛然刹车，乘客会身不由己地向前倾倒；标枪离手和子弹离开枪膛后继续以很大的速度飞行；正在前进的自行车，不用脚去蹬它仍会保持前行；运动会上百米赛跑抵达终点时，发现身不由己，还要往前跑一段才能停下来……

"哎呀！"无论石头绊倒人，还是战争片中的绊马索让马摔倒，都是惯性在捣蛋

从道路限速说起
——牛顿第二定律

中国的《道路交通安全法》规定机动车在高速公路上最高时速不得超过 120km/h，这项规定主要是从安全角度考虑的。在一定时间或距离内让车停下来，要看车速和刹车加速度的大小（回忆一下第一章的知识）。那么，刹车加速度的大小取决于什么因素呢？牛顿第二定律可以帮助我们解答这个问题。

知识卡片

牛顿第二定律：物体加速度大小跟它受到的作用力成正比，跟它的质量成反比，加速度方向与作用力方向相同。可用公式表示为 $F = ma$。牛顿第二定律表明力是产生加速度的原因。当物体受到多个力作用时，公式中的 F 指的是合力。

因此，刹车加速度取决于车辆的制动力（制动就是刹车）与质量，这两者一般是固定的，所以为了保障安全，道路状况不同时，要分别规定不同的限速，确保车辆能够及时停下，并且刹车距离足够短，否则连日常驾驶也会变成危险行为！

汽车拥有动力性，因此才需要制动性。人们在评价对比汽车的动力性能时经常会提到一个指标——0~100km/h 加速用时。这个指标小，说明汽车提速快，即发动机可产生的加速度大，动力性能好。这通常意味着汽车质量较小或排气量较大。比如方程式赛车，车身很轻，因此易产生较大加速度。

利用牛顿第二定律，还可以解释人在电梯里的超重与失重感。

思考时刻

乘电梯时你可能会有这样的感受：当电梯向上启动，或向下即将停止时，你会感到脚底与电梯底板间的压力增大，仿佛人“变重”了。当电梯向下启动或向上即将停止时，你的双脚有轻微的悬空感，仿佛人又“变轻”了。如果电梯内有个台秤，你在台秤上相对秤不动，乘坐电梯时观察秤的读数，会看到你的体重发生了变化！可是你并没有在电梯里变形呀。这到底是怎么回事呢?

电梯上升，感到自己仿佛变重了，就是“超重”感；电梯下降，似乎双脚轻微悬空一样，就是“失重”感。超重是指拉力或支持力大于物体重力的现象，失重是指拉力或支持力小于物体重力的现象。以失重为例，来分析一下吧。站在电梯内的台秤上，电梯启动时，有一个向下的加速度，这时电梯里的人也以同样的加速度下降。这时人受两个力的作用：一个是竖直向下的重力，另一个是台秤的支承力，方向竖直向上。根据牛顿第二定律，重力、支承力的合力方向也应该竖直向下。也就是说，竖直向上的支承力小于竖直向下的重力。这时反映在台秤上的读数便比重力小，这个结果说明此时的“视重量”比真实重量小，仿佛人失去了一部分重量，这就是“失重”。

根据牛顿第二定律可知，“失去”的这部分重量的大小等于你的质量与加速度大小的乘积。在电梯加速下降过程中，你的质量并无变化，而加速度是可以变化的，所以下降的加速度越大，“失重”就越严重。在游乐园坐过山车带来的刺激感就来自超重与失重。在失重的众多情形中，有一种特殊情况——倘若电梯自由下落（当然，实际运行是不允许出现这种情况的），你会发现台秤上指示出来的你的体重将完全消失，你的重量等于零！这就是“完全失重”状态。

比起让电梯自由下落，我们还是用跳伞的例子吧（要忽略空气阻力）

让我们荡起双桨
——牛顿第三定律

“让我们荡起双桨，小船儿推开波浪……”这首歌旋律优美，一直深受大家喜爱，很多同学都会唱。你知道吗，它的歌词里还包含一个重要的物理定律呢！

知识卡片

两个物体间的作用总是相互的，一个物体对另一个物体施加了力，后一个物体一定同时对前一物体也施加了力。物体间相互作用的这一对力通常称为作用力与反作用力。

牛顿第三定律：两个物体间的作用力与反作用力总是大小相等，方向相反，作用在同一条直线上。这个定律建立了相互作用物体间的联系及作用力与反作用力的相互依赖关系。

如果你在小船里用力划桨，桨对水产生推力，反过来水对桨会产生等大的反作用力，小船就能前进了。如果在湖面上一艘静止的小船船尾用力去推对面同样静止的小船，会看到两艘小船相互远离，这也是作用力与反作用力同时存在的缘故。

夏天如果打开吊扇，空气就会凉爽很多。可是吊扇自身有重力，镶在屋顶上，对天花板悬挂点有拉力作用。吊扇一转，拉力会不会变大，吊扇有无掉下来的危险？让我们利用牛顿第三定律来分析一下。吊扇不转动时，吊扇对悬点的拉力等于吊扇的重力，吊扇旋转时要向下扑风，即对空气产生向下的推力，根据牛顿第三定律，空气也对吊扇有一个向上的反作用力，使得吊扇对悬点的拉力减小。所以可以放心了，转动的吊扇更不容易掉落下来。

牛顿第三定律告诉我们，A 物体对 B 物体的力大小一定等于 B 物体对 A 物体的力大小，那么问题来了：拔河时甲队对乙队的拉力和乙队对甲队的拉力是一对作用力与反作用力，方向相反而大小相等，可是为什么会有一队赢了呢？跳高时人对地面的压力和地面对人的支持力是一对作用力与反作用力，力的大小是相等的，那么为什么人能跳起来呢？要解释清楚这类问题，不仅要用到牛顿第三定律，还要用到牛顿第二定律。拔河时一队能战胜另一队是由于赢队对对方的拉力大于对方受到的地面摩擦力，所以一定要避免脚离开地面；跳高时人之所以能跳起来是因为地对人的支持力大于人受到的重力，跳高者的起跳动作使地面给人施加了一个额外的力的缘故。

火车转弯与棉花糖
——生活中的圆周运动

仔细观察平时的生活，会发现一些奇怪的现象：火车的弯道为什么外高内低？车速很快的汽车过拱形桥，在桥顶为何凌空而起？还有一些现象看似平常，细想却发现原因不是那么简单：宇航员在太空中为什么会飘起来？洗衣机转筒又是如何把衣服甩干的？

这些问题，都可以用圆周运动的知识来解释。

知识卡片

描述圆周运动的物理量主要有线速度、角速度、周期、转速、向心加速度、向心力等。

线速度指做圆周运动物体在一定时间内通过弧长和所用时间的比值。角速度指做圆周运动物体在一定时间内对圆心转过角度和所用时间的比值。线速度和角速度都是描述物体做圆周运动快慢的物理量。衡量圆周运动时，同时考虑线速度和角速度，才能准确全面衡量圆周运动的快慢。其中线速度大小不变的圆周运动叫匀速圆周运动。

周期是物体沿圆周运动一周的时间。转速是物体在单位时间内转过的圈数，也叫频率。向心加速度是描述速度方向变化快慢的物理量，表达式为 $a_{\mathrm{n}}=\frac{v^2}{r}=\omega^2 r$。向心力指做圆周运动物体受到的指向圆心方向的（合）力，表达式为 $F_{\mathrm{n}}=ma_{\mathrm{n}}$。

火车铁轨在转弯处都会设计为外轨略高于内轨。如果内外轨道高度完全一样，火车做圆周运动的向心力就完全由外侧轨道对车轮缘的弹力来提供，这样铁轨与外侧车轮的轮缘会产生挤压。由于火车质量太大，所需向心力很大，铁轨承受的力就很大。这样，外轨容易变形受损，严重时甚至会把轨道掀翻，造成火车脱轨事故。而适当垫高路基，使外轨高度增加（实际数值并不大），就可以避免外轨受到挤压。事实上，任何物体在转弯时都需要指向弯道中心的向心力。田径运动员在赛场上跑弯道时身体向内侧倾斜，在短道速滑、摩托竞速等比赛中，弯道时人（车）向内侧的倾斜甚至更为明显，原因是这样做重力的一部分就提供了向心力。

汽车过凸形桥时，汽车的向心力向下，重力减去支持力的合力提供向心力。此时，汽车对桥的压力（大小与其反作用力即支持力相等）小于重力，汽车处于失重状态。速度越快，压力越小，快到一定程度，汽车就会飞离桥面，开始做离心运动了。

此外，宇航员在太空中会飘起来遵循同样的原理，因为你可以把地球看成是一个半径非常大的凸形“桥”，这时宇航员的重力全部用来提供向心力。

离心运动

做圆周运动的物体，在所受合外力突然消失或不足以提供圆周运动所需向心力的情况下，所做的逐渐远离圆心的运动称为离心运动。其本质是做圆周运动的物体，由于本身的惯性，总有沿着圆周切线方向飞出去的倾向。

洗衣机转筒转起来会把衣服上的水甩干，正是利用了离心运动的规律。类似的例子还有田径比赛中链球离手飞出，雨天通过旋转雨伞甩掉雨滴……我们平时可以吃到棉花糖，也是离心运动的功劳：制糖机内筒装有加热熔化的糖汁，随着内筒高速旋转，黏稠的糖汁开始做离心运动，从内筒的小孔飞散出来成为丝状，并到达温度较低的外筒，在这里迅速冷却凝固，最终变得像棉花般纤细绵软。

天空立法者
——开普勒三大定律

自古以来，每当夜深人静时，望着天空中神秘眨眼的星星，人们会激起许多关于宇宙和行星的美丽遐想，也产生了数不清的疑问。为了解开这些疑问，一代又一代的科学家们进行了不懈的探索。

在天文学的历史上，古希腊科学家的论述颇为丰富。到希腊晚期，数学家、天文学家托勒密完成了一部 13 卷的巨著《天文学大成》，提出了著名的托勒密地心体系：地球是球形的，位于宇宙中央静止不动。这一理论曾长期统治人们的思想，直到波兰天文学家哥白尼在 1543 年出版《天球运行论》，系统提出日心说宇宙模型后，地球位于中心的认知才被推翻。日心说认为太阳是宇宙的中心，是静止不动的，地球等一切行星都围绕太阳做圆周运动。

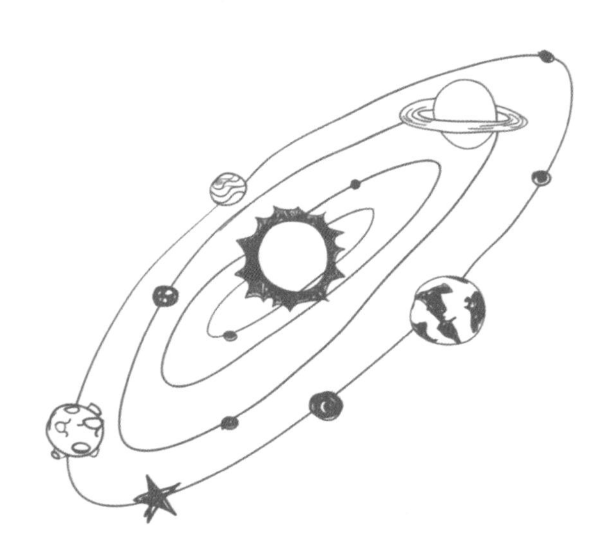

由于时代的局限，哥白尼只是把宇宙的中心从地球移到了太阳，并没有放弃宇宙中心论和宇宙有限论。当然，后来的研究结果证明，宇宙空间是无限的，它没有边界，没有形状，因而也就没有中心。虽然日心说的观点并不完全正确，但这一理论给人类的宇宙观带来了巨大的变革。哥白尼在这部巨著出版的同年便去世了，证明日心说的正确性并将其发扬光大的是杰出的德国天文学家开普勒。

科学家故事："多灾多难"的大天文家开普勒

开普勒是个早产儿，加上营养不良，所以体质虚弱，一生都在和病魔做斗争，4 岁时因为猩红热差点失去生命，虽然最后活了下来，但身体受到了极大的伤害，视力衰弱，并且一只手半残疾。但他自幼天资聪颖，对数学和天文学有浓厚兴趣。1600 年，他来到布拉格，担任被称为"星学之王"的天文观测家第谷的助手，不幸的是第谷在二人合作的第二年便去世了，但他把毕生积累的大量精确观测资料全部留给了开普勒。

当时不论是地心说还是日心说都把天体运动看得很神圣，认为天体运动必然是最完美最和谐的匀速圆周运动，但开普勒经过大量的烦琐计算发现，匀速圆周运动规律与第谷的实际观测结果不符，他试图用别的几何图形来解释行星运动。终于在 1609 年，他的计算表明火星运行轨道不是圆形而是椭圆形。开普勒进而得出两大定律——开普勒第一定律和第二定律。这两条定律刊登在 1609 年出版的《新天文学》(又名《论火星的运动》)中，该书还指出两条定律同样适用于其他行星和月球的运动。第三定律的发现更艰难，开普勒克服了工作环境的不利与长年的身心疲惫，经历长期的繁杂计算和无数次失败，最后得出结论：行星绕太阳公转运动周期的平方与它们椭圆轨道半长轴的立方成正比。这一研究结果发表在 1619 年出版的《世界的和谐》中。

行星运动三大定律（即轨道定律、面积定律、周期定律）使开普勒获得"天空立法者"的美名，也为哥白尼日心说提供了最可靠的证据。开普勒对光学和数学也做出了重要贡献，并且是现代实验光学的奠基人。为了纪念开普勒，国际天文学联合会将 1134 号小行星命名为开普勒小行星。

知识卡片

开普勒第一定律：所有行星绕太阳运动的轨道都是椭圆，太阳处在椭圆的一个焦点上。

开普勒第二定律：对任意一个行星来说，太阳中心到行星中心的连线在相等时间内扫过的面积相等。

开普勒第三定律：所有行星轨道半长轴三次方与其公转周期二次方的比值都相等，表达式为：$a^3/T^2=k$。其中 k 为开普勒常量，只与被绕星体有关。

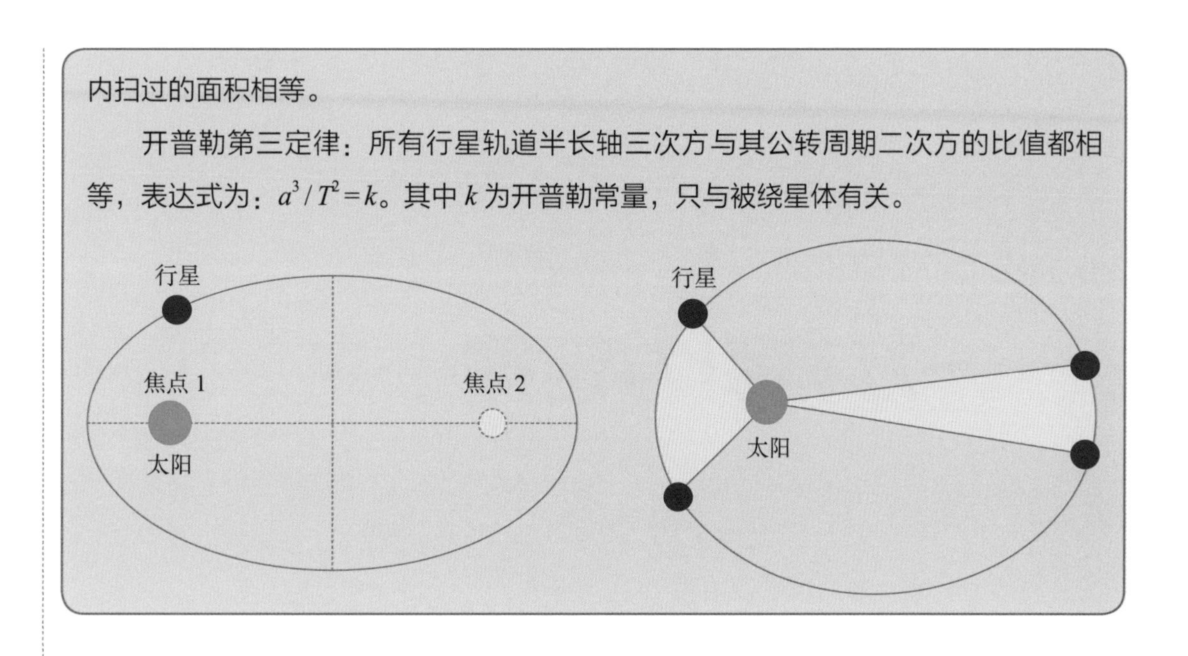

为什么秋冬比春夏短几天？

先来看一看地球绕太阳运行的示意图。图中椭圆表示地球公转轨道，另外标出了农历节气“二分二至”时地球对应的位置。

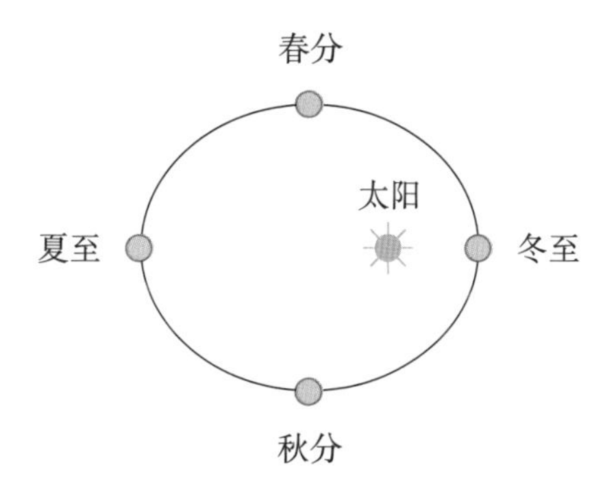

对北半球观察者而言，地球绕日运行冬天经过近日点，夏天经过远日点。由开普勒第二定律可知，冬天地球运动得比夏天快一些，所以春夏两季比秋冬两季要长。春季与夏季共 186 天，而秋季与冬季只有 179 天。想一想，南半球的情况又是如何呢?

苹果与月球的统一
——万有引力定律

成熟的苹果为什么会从树上落下来？月球又为什么会绕着地球转？这两个貌似没有关系的问题，竟然有着深刻的内在统一性，而这个统一性源于自然界最基本的规律之一——万有引力定律。

知识卡片

万有引力定律：自然界的任何物体都相互吸引，引力方向在它们的连线上，引力大小与它们质量的乘积成正比，与它们间距的平方成反比。表达式为

$$F=G\frac{m_1m_2}{r^2}$$

其中 $G=6.67\times10^{-11}\mathrm{N\cdot m^2/kg^2}$，叫引力常量。公式适用于质点间的相互作用。当两物体间的距离远远大于物体本身的大小时，物体可视为质点。均匀的球体可视为质点，r 是两球心间的距离。公式也适用于一个均匀球体与球外一个质点间的万有引力，其中 r 为球心到质点间的距离。

万有引力定律是牛顿发现的一个重要定律。1665 年春季英国爆发严重的瘟疫，剑桥大学为防患于未然，宣布大学关闭，把全体师生都遣散回家。当时在剑桥读书的牛顿无奈之下回到了家乡——乡下的乌尔斯索普庄园。有一天他坐在花园里看到一个苹果从树上掉了下来，由此产生灵感，提出问题——为什么苹果不飞向天空却直落地面？为什么苹果会落地而月球却一直在绕地球旋转？地月间的作用和月球运动有什么关系？这些灵感和问题最终使万有引力定律诞生。牛顿将苹果的故事告诉了朋友斯蒂克利，斯蒂克利将它写进1752年出版的《艾萨克·牛顿爵士回忆录》中。如今那棵苹果树仍在乌尔斯索普庄园，由单独的围栏保护着，被视为科学探索精神的一种象征。

1687年，在英国天文学家哈雷的资助下，牛顿出版了人类科学史上最伟大的著作——《自然哲学的数学原理》，人们经常简称它为《原理》。在这本书中，牛顿提出了著名的运动学三定律和万有引力定律，并利用他发明的微积分，证明了从引力的平方反比律出发可以推导出开普勒三大定律。他在书中全面地论述了物体运动理论和物体在万有引力作用下的运动规律，说明了行星在向心力的作用下为什么能保持在轨道上运行，并比较了抛体运动和天体运动的异同。这本书的出版让牛顿名声大振，按哈雷的话说，牛顿成了"世界上最接近神的人"。

按照万有引力定律，苹果从树上落下来是因为没有初速度的苹果受到地球的引力。月球围绕地球转，是因为月球也受到地球的引力，只不过引力提供了月球圆周运动的向心力，所以月球不会像苹果那样掉下来。

实际上，地球附近物体受到的重力近似等于万有引力。根据万有引力和重力公式，只要测量出引力常量就可以得到地球的质量。在牛顿发表万有引力定律的一百年后，1798年，英国物理学家卡文迪许测出了万有引力常量 G，因此卡文迪许被人们称为"称出地球质量的人"。G 的测定证实了万有引力的存在，使万有引力能够定量计算，同时也标志着力学实验精密程度的提高，并且开创了测量弱相互作用力的新时代。

环绕地球需要动力吗?
——卫星小知识

德国哲学家康德说过:“这个世界上唯有两样东西能让我们的心灵感到深深的震撼——头顶灿烂的星空和心中崇高的道德法则。”出于这种好奇与震撼，人类利用科学知识，制造出各种各样的航天器对“灿烂星空”进行探索，其中一种重要的航天器就是人造地球卫星。

卫星知多少

人造地球卫星是指环绕地球在空间轨道上运行的无人航天器，简称人造卫星。人造卫星是发射数量最多、用途最广、发展最快的航天器，占航天器发射总数的90%以上，可用于空间物理探测、天文观测、全球通信、军事侦察、地球资源勘探、气象观测、环境监测、搜索营救、定位导航等领域。

人造卫星有多种分类方式。按轨道高度不同，可分为低轨道卫星（轨道高度小于1000千米）、中轨道卫星（轨道高度范围1000~20000千米）和高轨道卫星（轨道高度大于20000千米）；按应用方向，可分为科学卫星、技术试验卫星和应用卫星；按具体用途，可分为天文卫星、通信卫星、气象卫星、侦察卫星、导航卫星、资源卫星等。这些种类繁多、用途各异的人造卫星为人类做出了巨大的贡献。

那么，你知道太空中究竟有多少颗人造卫星吗？实际上，很难确定精确的数据，因为人造卫星有民用和军用的区别，世界各国的民用卫星一般都是公开的，但军用卫星很多都不会公开。根据欧洲航天局的统计，自 1957 年苏联发射世界上第一颗人造卫星以来，全球共发射人造卫星约 7000 颗，其中约 3600 颗依然留在太空中，但只有 1000 多颗还在有效运行，其余的已成为太空垃圾。

地球同步卫星是指在地球同步轨道上自西向东运行的人造卫星，轨道周期与地球自转周期相同，为 1 个恒星日，即 23 小时 56 分 4 秒。地球同步卫星距地面高度约为 36000km，按轨道倾角不同可分为地球静止卫星（轨道平面与赤道平面重合）、倾斜轨道同步卫星和极地轨道同步卫星（轨道平面与赤道平面垂直）。通信卫星大多属于第一种，一颗大约能够覆盖 40% 的地球表面，使覆盖区内的任何地面、海上、空中的通信站能同时相互通信。

发射卫星需要多大速度？

卫星在轨道上运行时不需要动力，因为地球对卫星的万有引力等于卫星绕行地球的向心力，这时可以认为卫星和内部的物体处于完全失重状态。但是发射卫星需要一定的速度，因此把卫星送到预定的轨道上需要借助运载火箭或航天飞机。卫星的最小发射速度是 7.9km/s。对比我们日常生活中的速度，这可真是快得难以想象！那么，怎样才能使人造卫星获得这么大的初速度呢？俄国科学家齐奥尔科夫斯基在 1903 年，就推导出了著名的齐奥尔科夫斯基火箭公式，表明利用多级火箭可以达到这样大的速度。人类由此迈出探索宇宙的第一步，齐奥尔科夫斯基也因此被称为“航天之父”。

知识卡片

第一宇宙速度为 7.9km/s，是人造卫星在地面附近绕地球做匀速圆周运动的速度。它也是人造卫星的最大环绕速度和最小发射速度（想一想为什么？）。计算方法：由 $mg=\frac{mv^2}{R}=\frac{GMm}{R^2}$，可得 $v=\sqrt{\frac{GM}{R}}=\sqrt{gR}=7.9\text{km/s}$。$m$ 为卫星质量，M 为地球质量，R 为地球半径。第二宇宙速度为 11.2km/s，也叫脱离速度，是使物体（卫星）挣脱地球引力束缚的最小发射速度。第三宇宙速度为 16.7km/s，也叫逃逸速度，是使物体（卫星）挣脱太阳引力束缚的最小发射速度。（提示：阅读第三章能量守恒定律的内容后，可以试试自己推导出第二宇宙速度哦。它是第一宇宙速度的 $\sqrt{2}$ 倍。）

卫星导航不怕忙

卫星定位导航与日常生活的关系变得越来越密切。有同学担心：地球上有那么多人和设备都在同时使用定位导航，卫星忙得过来吗？答案是：它们可以！其实对于导航卫星而言，只需做一件事——往地面发射信号。在这个过程中，卫星不用做任何计算。用户端接收卫星信号（至少来自四颗卫星），用信号解算自己的位置就可以了。因此，理论上卫星定位导航的用户使用数没有上限，不论来多少人和设备都可以处理！

全球卫星导航系统（也称为全球导航卫星系统），是能在地球表面或近地空间的任何地点，为用户提供全天候的三维坐标、速度及时间信息的空基无线电导航定位系统。导航系统一般都包括几十颗卫星（大都在 30 颗以上），基本可以保证中低纬度地区的接收机在任一时刻同时观测到 8 颗以上卫星。目前全球共有四个这样的系统，分别是：美国的全球定位系统（GPS）、俄罗斯的格洛纳斯卫星导航系统（GLONASS）、中国的北斗卫星导航系统（BDS）和欧洲的伽利略卫星导航系统（Galileo）。

脑洞物理学

读完本章内容，同学们可以尝试进行以下探究课题，体验物理学的魅力。

Task1 小实验——筷子提米

用圆柱状陶瓷杯或空的易拉罐装米，边装边振动，尽量把米装满装实。左手四指用力压住大米，右手将筷子通过指间用力从中心位置插入米中，注意要一直插到罐底。好，现在试试把米罐“提”起来吧！

（提示：如果筷子是方头且较为粗糙，一般第一次实验就能把一罐米提起来，这是因为米与筷子接触面粗糙，摩擦力大。如果筷子较圆滑，可在米中加少量水，等米粒膨胀后再提起，也能够成功。）

Task2 研究杂技演员在走钢丝时是如何保持平衡的

（提示：观看视频，你会发现当杂技演员的身体摇晃要倒下时，他们通过摆动两臂使身体恢复稳定。两臂的摆动是在调整重力作用线，使之通过支撑面，以恢复平衡。有些杂技演员在走钢丝时手里横向握着长棒也是这个道理。）

Task3 如何简单区分外观、温度相同的生鸡蛋和熟鸡蛋

（提示：生蛋和熟蛋在停止旋转的过程中表现出的情况不同。一个旋转着的熟蛋，只要你用手一捏，就会立刻停下来。生蛋若在旋转，碰到你的手时会停下，但如果立刻把手放开，它还要继续略微转动一下。这是惯性在起作用。生蛋蛋壳虽被阻止转动，内部的蛋黄蛋白却仍在继续旋转。至于熟蛋，它的蛋黄蛋白跟外面的蛋壳是同时停止的。）

Task4 蚂蚁从高处落下却安然无恙的奥秘

（提示：运动物体受空气阻力大小与物体和空气接触的表面积有关，物体下落时物体表面积和重力的比值越大，阻力就越容易和重力平衡，因而小的物体在空气中可以很慢地下落，蚂蚁从高处落下安然无恙也是这个原因。你可以试试计算这些力的数量级与大概数值，然后估算比值，能获得更直观的感受。）

Task5 观察生活，写一篇作文——《摩擦力与我的一天》

太阳点亮了新的黎明。你睁开双眼，此刻你的眼球和眼皮之间已经完成了今天的第一次摩擦，而你却全然不知。接着，你撩开被子伸手去抓衣服。衣服被抓过来靠的是衣服与手之间的摩擦。如果这个摩擦消失了，即使勉强将衣服揽在怀里，把它穿到身上也会变成巨大的难题——因为你根本抓不住衣襟，纽扣更是一个都甭想扣上。

你迈步走出卧室，鞋子同时与地面和脚产生摩擦，使你稳步前进。早饭后，牙刷利用它与牙齿间的滑动摩擦帮你除去食物残渣，清洁齿面……

Task6 观察并查阅资料，分析与汽车有关的力学知识

（提示：汽车车身设计成流线型，是为了减小汽车行驶时受到的阻力。汽车底盘质量都较大，这样可以降低汽车重心，增加汽车行驶稳度。汽车前进的动力是地面对主动轮的摩擦力，而主动轮和从动轮与地面间摩擦力方向是相反的！汽车在平直路面匀速前进时，牵引力与阻力互相平衡，汽车所受重力与地面支持力平衡。汽车拐弯时司机要打方向盘——牛顿第二定律说过，力是改变物体运动状态的原因。乘客会向拐弯的反方向倾倒——牛顿第一定律，乘客是具有惯性的。汽车司机和前排乘客必须系安全带，也是为了防止惯性带来危险……）

学霸笔记

1. 力

力是物体间的相互作用。力的作用效果是改变物体的运动状态或使物体发生形变。力的三要素是指力的大小、方向和作用点。力既有大小又有方向，力的运算遵循平行四边形定则和三角形定则。力不能脱离物体而独立存在。物体间力的作用是相互的，只要有作用力，就一定有对应的反作用力。

2. 重力

重力是由于地球对物体的吸引而使物体受到的力，与物体的质量成正比。可用公式表示为 $G=mg$。g 即重力加速度，其数值会随纬度增大而增大，随高度增大而减小。重力的方向总是竖直向下的。为了研究方便而人为认定的重力的作用点叫重心，质量分布均匀的规则物体重心在其几何中心。对于形状不规则或者质量分布不均匀的薄板，重心可用悬挂法确定，其原理是二力平衡必共线。

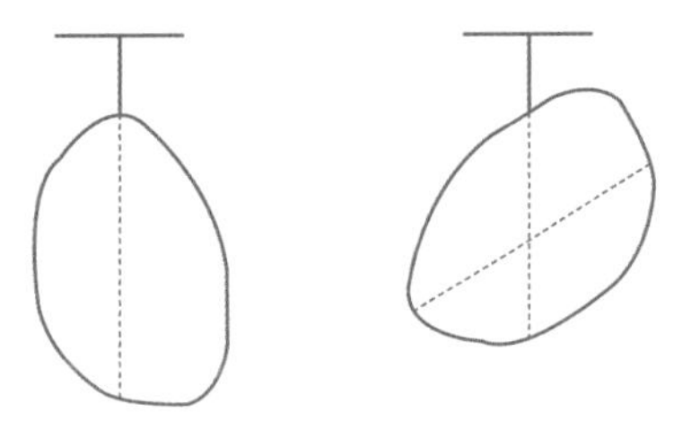

3. 弹力与胡克定律

实验表明，弹簧发生弹性形变时，弹力大小跟弹簧伸长（或缩短）的长度 x 成正比，即 $F=kx$。k 称为弹簧劲度系数，单位牛顿 / 米（N/m）。一般来说，k 越大，弹簧越"硬"；k 越小，弹簧越"软"。k 的大小与弹簧的粗细、长度、材料、匝数等因素有关。弹力与弹簧伸长量的关系可用 F-x 图像表示。

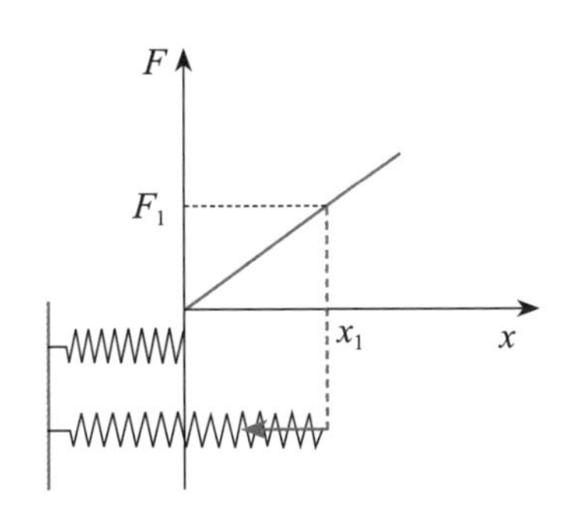

4. 摩擦力

摩擦力指两个相互接触的物体由于具有相对运动或相对运动的趋势，而在物体接触处产生的阻碍物体之间相对运动或相对运动趋势的力。阻碍相对运动的是动摩擦，阻碍相对运动趋势的是静摩擦。滑动摩擦力大小跟正压力 F_N 成正比，即 $F_f=\mu F_N$，μ 表示两物体间的动摩擦因数，由物体接触面属性决定。

5. 牛顿三大定律

牛顿第一定律：一切物体总保持匀速直线运动或静止状态，直到外力迫使它改变运动状态为止。

牛顿第二定律：物体加速度大小跟它受到的作用力成正比，跟它的质量成反比，加速度方向跟作用力方向相同。

牛顿第三定律：两物体间作用力与反作用力总是大小相等，方向相反，作用在同一条直线上。

以上定律只适用于对于地球静止或匀速直线运动的参考系（即惯性系）中宏观、低速运动的物体，不适用于微观、高速运动的粒子。

6. 超重与失重

	超重	失重	完全失重
概念	物体对支持物的压力（或对悬挂物的拉力）大于物体所受重力的现象	物体对支持物的压力（或对悬挂物的拉力）小于物体所受重力的现象	物体对支持物的压力（或对悬挂物的拉力）等于零的现象
产生条件	物体加速度方向竖直向上或有竖直向上的分量	物体加速度方向竖直向下或有竖直向下的分量	物体竖直方向的加速度向下，大小等于 g
表达式	$F-mg=ma$，$F=m(g+a)$	$mg-F=ma$，$F=m(g-a)$	$mg-F=ma$，$F=0$
运动状态	加速上升、减速下降	加速下降、减速上升	无阻力抛体运动、在轨卫星、空间站中的人与物体
视重	$F>mg$	$F<mg$	$F=0<mg$

7. 向心力与圆周运动

向心力是效果力，是做圆周运动物体受到的指向圆心方向的合外力，其作用效果是产生向心加速度。向心加速度反映圆周运动速度方向变化快慢。向心加速度方向和线速度方向垂直，只改变线速度方向，不改变线速度大小，表达式为 $F_n=m\omega^2r=m\frac{v^2}{r}=m\frac{4\pi^2}{T^2}r$。竖直平面内的圆周运动能产生超重或失重效果。比如，汽车 m 在拱桥上以速度 v 前进，桥面圆弧半径为 r，F_N 为桥面对车支持力，大小等于车对桥面压力。由向心力公式得出以下结论：凸形桥面 $mg-F_N=m\frac{v^2}{r}$，$F_N=mg-m\frac{v^2}{r}\leqslant mg$，产生失重效果。凹形桥面 $F_N-mg=m\frac{v^2}{r}$，$F_N=mg+m\frac{v^2}{r}\geqslant mg$，产生超重效果。

8. 开普勒三大定律

开普勒第一定律：所有行星绕太阳运动的轨道都是椭圆，太阳处在椭圆的一个焦点上。

开普勒第二定律：对任意一个行星来说，太阳中心到行星中心的连线在相等时间内扫过的面积相等。

开普勒第三定律：所有行星的轨道半长轴三次方与公转周期二次方的比值都相等。

9. 万有引力定律

自然界的任何物体都相互吸引，引力方向在它们的连线上，引力大小跟它们质量的乘积成正比，跟它们之间距离的平方成反比。

不一样的物理课

Physical

03

功、能量与动量

To 同学们：

牛顿运动定律、能量观点和动量观点是分析物理问题的三把金钥匙。其实它们是从三个不同的角度来研究力与运动的关系。分析问题时，选用不同的方法与角度，问题的难易、繁简程度可能有很大差别，但在很多情况下，需要将三把钥匙结合起来使用。能量和动量思想是贯穿物理学的基本思想，本章就来谈谈能量与动量的有关知识。

谈能量离不开“功”的概念。能量是状态量，物体在不同状态下会拥有不同数值的能量。能量的变化通常是通过做功或热传递两种方式来实现的。力学中功是机械能转化的量度，热学中功和热量是内能变化的量度。

中学物理在力学、热学、电磁学、光学和原子物理等各分支学科中涉及许多形式的能，如动能、势能、电能、内能、核能，这些形式的能可以相互转化，并且遵循能量转化和守恒定律。能量是贯穿中学物理学习的一条主线，是分析和解决物理问题的主要依据之一。动量守恒定律和角动量守恒定律，也是自然界中最普遍的规律，所以一并做一些分析。

本章要点

- 功的原理
- 不同形式的能量
- 动能定理
- 能量守恒定律
- 动量定理
- 动量守恒定律
- 对称性与守恒

好用的简单机械
——功的原理

荀子在《劝学》中说："君子生非异也，善假于物也。"意思是贤明的人在本性上与一般人没有什么区别，只是善于借助外物罢了。在我们的日常生活中，有很多装置使人们的工作更简单、有效，我们可以将这些装置称为"简单机械"。

简单机械能给我们带来方便主要是从以下三个方面实现的：

省力。比如斜面，如果把一个物体直接搬运到高处比较吃力，可以采用坡状的斜面来省力。曲折蜿蜒的山路也利用了斜面可以省力这一特点，虽然山路使弯道增加了，但是汽车爬坡就容易很多。

如果不是盘山路，汽车将难以爬上陡峭的高山

省距离。比如镊子，镊子是人们夹取颗粒状药片、毛发、细刺及其他细小东西经常用到的工具，也是一种常见的维修工具。我们在使用镊子时，用力的手作用一小段距离就可以使镊子头端张开较大的距离。

改变力的方向。比如滑轮，在旗杆顶部的定滑轮，是为了实现在升旗时旗手用力向下拉动绳索，就可以使固定在绳索上的旗帜向上升起。起重机上的滑轮也有同样的作用。

简单机械种类繁多，大致可以分为杠杆类简单机械和斜面类简单机械两种。杠杆类简单机械主要有杠杆、滑轮、轮轴、齿轮等；斜面类简单机械主要有斜面、螺旋、劈等。多种多样的简单机械给人们带来方便，但不论使用哪一类简单机械都必须遵循机械的一般规律——功的原理。

知识卡片

功的原理在历史上曾被誉为“机械的黄金定律”，其内容是：使用任何机械的情况都不省功。这里的“功”指的是，力与物体在力的方向上移动距离的乘积。根据功的原理，省力的机械必然费距离，省距离必然费力。

举几个同学们熟悉的杠杆例子：指甲剪的上半部分是省力杠杆，在使用中我们要花费更多的距离（即手作用在尾部的力的作用距离）。筷子是一种省距离的杠杆，在使用中我们要花费更多的力（即手作用在筷子中部的力）。此外还有自行车的车刹（省力杠杆）、划船的船桨（费力杠杆）、剪刀（有的是省力杠杆，比如园艺剪，有的是费力杠杆，比如理发剪）等。

一个重要的概念
——能量

我们经常提到“能量”一词，但其确切含义却不好回答，因为“能量”有广义与狭义之分。广义上的能量可运用于所有学科。从哲学意义上讲，能量指的是一件事物使其他事物发生改变的性质。在物理学中，能量是物理学的基本概念之一，从经典力学到相对论、量子力学和宇宙学，能量都是一个重要的核心概念。1807 年英国物理学家托马斯 · 杨于伦敦进行自然哲学演讲时，已经提出能量（energy）这个词，并将它与物体所做的功相联系，但未引起重视。当时的人们仍认为不同的运动中蕴藏着不同的力（正确的观念是运动的物体具有能量）。直到能量守恒定律建立并被确认后，人们才认识到能量概念的重要性和实用价值。

知识卡片

世界万物都在不停地运动着。在物体的一切属性中，运动是最基本的属性，其他属性都是运动的具体表现。能量（简称“能”）可认为是物体运动转换的量度。能量是一切运动着的物体的共同特性，它表征物体做功的本领。一个物体能够对外做功，我们就说这个物体具有能量。对应着物体的各种运动形式，能量也有各种不同的形式，它们可以通过一定的方式互相转换。

能量的概念和能量有关规律的应用已经深入物理学的各个分支领域。

在力学中，能量的形式有动能、弹性势能和引力势能（重力势能）等，合称机械能。它们的传递和转化由机械功量度，从而存在动能定理、功能关系等转化规律。

在电磁学中，有电路中的电能、电磁场中的静电势能、电场能、磁场能等形式的能量。

在热学中，有宏观上提到的内能、热能、化学能，也有微观上提到的分子动能、分子势能等。

在光学和原子物理学中，有光能（电磁能）、原子能（核能）等。

不同形式的能量可以互相转化。你可以在日常生活中找到很多能量转化的实例。

跳高，撑杆形变的弹性势能转化为运动员的重力势能

篝火燃烧，木头化学能转化为热能与光能

子弹击穿木块的规律
——动能与动能定理

中国疆域辽阔，地形地貌也丰富多样，假如你是一位工程师，需要选择两个地方分别建设水力发电厂和风力发电厂，那么你会选择有什么特点的地方？根据常识和生活经验应该能够做出合适的选择：水力发电厂应该选择建设在水流湍急的地方，风力发电厂应该选择建设在风能资源丰富的地方。仔细想一下，这两种地方的共同点是什么？发电的水是运动的，风也是运动的，物体因为运动而具有能量，发电正是将这种运动的能量转化为电能，故做出以上选择。

知识卡片

物体由于运动而具有的能量是动能。一切运动物体都具有动能。质量相同的物体，运动速度越大，动能越大；运动速度相同的物体，质量越大，动能越大。动能的定义式为 $E_k = \frac{1}{2}mv^2$，单位是焦耳（J），$1J = 1N \cdot m = 1kg \cdot m^2/s^2$。动能是标量，没有方向且只有正值。

莱布尼茨

在 17 世纪，德国数学家莱布尼茨为了解释因摩擦而令物体速度减缓的现象，提出了一个叫作“活力”的想法，并将其定义为一个物体质量和其速度平方的乘积。这一定义已经初具动能定义雏形。

对动能和功给出确切现代定义的第一个人是法国物理

学家科里奥利。1829年，他把物体的动能定义为物体质量的二分之一乘以其速度的平方，而作用力对某物体所做的功等于此力乘以其（克服阻力而）运动的距离。

知识卡片

动能定理是指在一个过程中合外力对物体所做的功，等于物体在这个过程中动能的变化。表达式为 $W=\frac{1}{2}mv_2^2-\frac{1}{2}mv_1^2$。此定理既适用于直线运动，也适用于曲线运动。既适用于恒力做功，也适用于变力做功，是力学中一个十分重要的定理。

动能是机械能的一种，它经常转化为其他形式的能量，比如常说的“摩擦生热”就是动能转化为热能的情况。“钻木取火”你肯定听说过，不过你是否实际尝试过？如果有兴趣可以买来有关器材做一做，并不困难哦！

钻木取火实验

动能定理可以解决很多问题，我们举个简单的例子：一颗速度是500m/s的子弹打穿一块固定的木块后速度减为400m/s，假如子弹在木块里受到的阻力一定，那么这颗子弹还能打穿几块相同的固定木块呢？

根据动能定理，阻力对子弹所做的功（本例是负功），等于子弹在这个过程中动能的变化（本例是减少的）。因为阻力和木块的宽度一定，所以子弹穿过每一个木块阻力的功也一定，那么子弹动能的减少就是一定的。根据动能定义，子弹每穿过一个木块其速度平方的减少量也一定。按照这个分析，上述问题中的子弹就只能再打穿一个相同的木块，最终停留在第三个木块的九分之七位置处。试着算一算吧！

阪上走丸与剑拔弩张
——成语中的能量知识

中国文化博大精深，有些成语里不仅包含历史故事，还包含丰富的物理学道理呢！举两个例子——“阪上走丸”与“剑拔弩张”，你知道其中包含哪些物理学知识吗？

“阪上走丸”

在“阪上走丸”中，“阪上”指倾斜的坡上，“丸”指小球、泥丸。成语的意思是泥丸在斜坡上滚转，常用来形容事情发展迅速或工作进行顺利。从物理学的角度分析，“阪上走丸”体现了重力势能向动能的转化。

知识卡片

物体由于被举高而具有的能量叫重力势能，是机械能的一种。重力势能具有相对性，要研究一个物体的重力势能应该先选定势能的参考面，也就是零势面。当选取地面作为零势面时，物体的重力势能可以表示为 $E_p=mgh$，单位是焦耳（J）。势能体现了物体在不同位置具有不同的能量，因和物体位置相关，所以也叫位能。物体总是自发地从重力势能大的位置向重力势能小的位置移动，这就是为什么抛到高空的物体总会落回地面的缘故。

被举高的重锤具有重力势能，被举的高度越高，重力势能越大，落地时的动能就越大。水力发电站要想发出更多的电，就需要储存更多的水，尽量提高水位，也就是尽可能增大水的重力势能。当物体重力势能很大时，落地时就会有很大的杀伤力。战国时期齐国杰出的军事家孙膑曾在马陵之战中借助地形“秀”了一下他卓越的物理才华。这一战中他除了故伎重演诱敌深入外，还命令士兵埋伏在魏军必经之路的峡谷上，同时囤积大量石块，结果魏军深入峡谷时高山上“万石齐发”，魏军大败。这场战争使魏国损失了10万精锐军队，直接将魏国引进了深渊，最终走向覆灭。此处的“阪上走丸”可以说是魏军失利乃至灭亡的一个加速器。

“剑拔弩张”

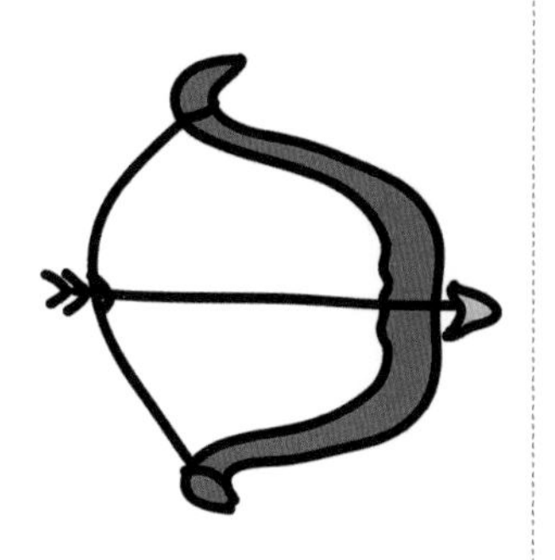

“剑拔弩张”的意思是剑拔出来了，弓张开了，形容气势逼人，或形势紧张，一触即发。射术（射箭技术的简称）在中国源远流长。成语里的“弩张”是指拉弯的弓具有能量，可以将箭射到较远的地方，这种能量在物理学中称为弹性势能。

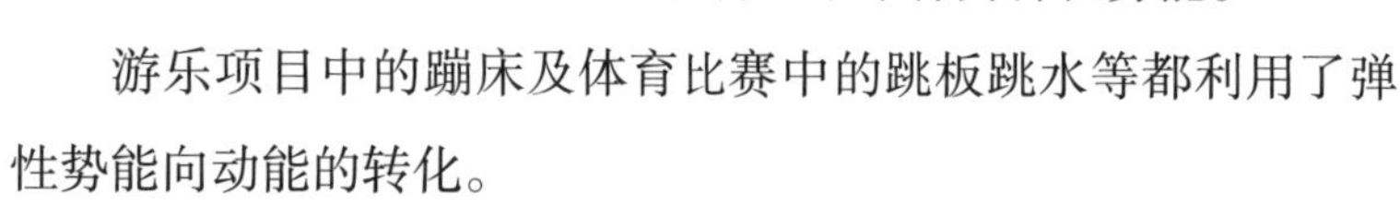

游乐项目中的蹦床及体育比赛中的跳板跳水等都利用了弹性势能向动能的转化。

知识卡片

物体由于发生弹性形变，各部分之间存在着弹性力的相互作用而具有的势能叫弹性势能。物体弹性形变越大，所具有的弹性势能就越大。弹簧的弹性势能可以表示为$E_p=\frac{1}{2}kx^2$，其中k指的是弹簧的劲度系数，x指的是弹簧的形变量。弹性势能和重力势能统称势能。

为什么人类无法制造永动机
——能量守恒定律

你看过这一幅很“不可思议”的世界名画吗？这幅画是荷兰画家埃舍尔晚年所创作的《瀑布》，这一作品因其巧妙的构思而广受赞誉。在画面中央，瀑布倾泻而下，推动着水轮机然后又沿着水渠逐级流向出口——慢着！水流怎么竟又回到瀑布的出口，形成了循环瀑布呢？太不可思议了！仔细看你就会发现一个问题，瀑布是在一个平面上流动的。可是瀑布明明是降落的，而且还冲击着一个水磨让其转动。实际上循环瀑布是画上的假象，是一种视觉欺骗。从画上看好像合理，但实际上却是不可能的。画中的瀑布和水磨组成的系统无需外力提供能量而能够自发地不停运转，这样的装置被人们称为“永动机”。在16世纪后半叶，以欧洲为中心，永动机的研究曾经风靡一时。但现实是残酷的，没有一例获得成功。因此这幅画也被一些物理学家称为“最美妙的永动机讽刺画”。

在几百年前，大规模工业生产技术尚不发达，人类通过安装在河流上的水车或者人工推动石磨来磨面粉。有人设想：如果利用水车运转抽上来的水，再来推动水车，这样不需要河流，水车不就能永远运转下去了吗？如果这个设想得以实现，那么自己提供动力源（水）、能够独自不停运转的“梦幻”装置（水车）也就诞生了。德国的一名技师在一本书中介绍了 17 世纪人们研制的一例“永动水车”：水车通过齿轮推动磨来碾谷，同时推动一个水轮装置重新把水送到高处，被送到高处的水再次推动水车，如此循环不止，水车就能够自发运转下去。当然，事实证明这一设计也是不可能的。这种永动机不单单是机器永不停息地运动，还要源源不断向外输出能量，在物理学上是不成立的，因其违反“能量守恒”。虽然永动机概念一直被提起，但是实际上根本不存在这类机械，因为无论是哪一种永动机都会存在能量的不完全转换，多多少少都会有损耗，哪怕只损耗了一点点，也不能算永动机。

知识卡片

能量既不会凭空产生，也不会凭空消失，它只会从一种形式转化为另一种形式，或者从一个物体转移到其他物体，而能量的总量保持不变，这一规律叫作能量守恒定律，是自然界的基本规律之一。

“永动机”是人类给自己编织的一个梦，在当今已经是一个答案确定的话题，不管情愿或不情愿，接受或不接受，这个梦想已经破灭了。1775 年法国科学院做出决议，宣布永远拒绝关于永动机的论文的提交。美国专利和商标局也禁止将专利证书授予永动机，并解释说，永动机的建造是绝对不可能的：退一步讲，即使没有摩擦阻力的影响，初始的运动得以无限继续，但它不能与其他物体作用，因此可能的永恒运动仍然对实现永动机建造者的目的毫无用处。

永动机的制作虽然是一件不可能完成的任务，但曾经有很多科学家、工匠都对此相当沉迷。意大利的达·芬奇还曾经设计过一种叫作滚珠永动机的装置呢！不过他后来认识到永动机是不可能实现的，还劝告当时的工匠不要在类似项目上浪费工具、时间和聪明才智，因为它“毫无实现的可能”。

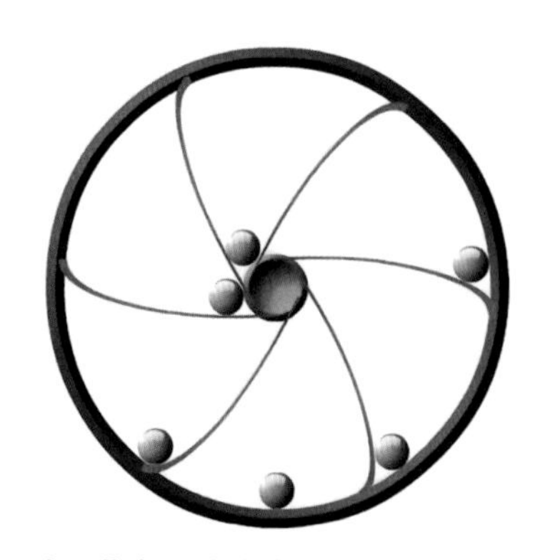

达·芬奇设计的滚珠永动机示意图

缓冲现象中的物理学原理
——动量定理及应用

篮球运动是一项兼有趣味性与观赏性的体育项目，深得很多中学生的喜爱。篮球运动的关键不只是在于投篮，还在于抢篮板、运球、传球等。一位 NBA（美国职业篮球联赛）著名球员说过："球永远要比人快！"传球是一种让球贯穿全场的最好方式，能够极大提升球队的进攻能力。双手胸前传接球时有一个动作要领：两手持球的侧后方，手指自然分开，拇指相对成八字形，两肘弯曲下垂，将球置于胸前。传球时蹬腿伸臂，翻腕拨指；接球时伸臂迎球，后引缓冲，两臂顺势屈肘，两手随球迅速收缩至胸前。经常打篮球的同学知道，传接球时如果姿势和动作不当是很容易受伤的。为什么接球时要"弯臂屈肘、后引缓冲"呢？我们来解密其中缘由。

知识卡片

物理学中把物体质量与速度的乘积叫作动量（p），把力与作用时间的乘积叫作冲量 (I)。动量和冲量都是矢量，动量的方向与速度方向一致，冲量的方向与力的方向一致。表达二者联系的物理规律是动量定理：合力的冲量等于物体动量的变化量，即 $Ft=\Delta p=m\Delta v$。冲量是力在时间上的积累效应，表现为物体动量的变化。

对于一个作用过程，在物体动量变化一定的情况下，可以通过改变作用时间来调节力的大小：缩短作用时间作用力就大，延长作用时间作用力就小，即所谓的“缓冲”。以接篮球为例，我们来定量对比一下不同方式接传球时手受力的大小。假设篮球质量为 0.6kg，篮球飞来时的速度为 10m/s，接球一方接住篮球后篮球速度减为 0。如果接球动作完成的时间为 0.05s，根据动量定理可以算得，手和篮球之间的作用力大小为 120N，这个数值相当于 12 千克物体的重力。而接住相同的球，如果通过弯臂屈肘缓冲，将接球动作完成时间延长到 0.5s，此时手指和球之间的作用力大小为 12N，作用力减小到前者的 1/10，可见缓冲减力的效果很显著。对于职业运动员来说，在运动生涯中除了要有良好的饮食、持续的训练之外，还要注意尽量不受伤，物理学原理在对运动员的保护中起了关键作用。

生活中有很多可以用动量定理来解释的缓冲现象：玻璃杯掉落水泥地面容易摔碎，而掉落在柔软沙滩上则完好无损；鸡蛋放在专用的包装盒里不易破裂；赛车手戴的头盔内含有泡沫缓冲材料，保障头部安全；码头岸边或轮船外侧固定有旧轮胎用作船靠岸时的缓冲……

杂技“胸口碎大石”能够成功的原因

有一种杂技或者说是民间绝活叫作胸口碎大石：在一卧躺的人胸口上放一块条石（一般采用形状规整的长方体），另一人拿大锤用力猛击条石将其击裂敲碎，而条石下的人却安然无恙。对于这种表演观众虽然知道条石下的人不会受伤，但在观看时仍然会感到不可思议并惊叹不已。条石下的人为什么不会受伤呢？我们来探究一下其中的道理（同学们不可以轻易效仿哦）。

悠着点！

“胸口碎大石”能够表演成功，从物理学角度分析有两个重要的因素，而实现这两个因素则需要表演者做一些“特殊”的准备。

第一个重要因素是大锤猛击条石时人胸口受到的总压力不能太大，应在人的承受范围内。显然，在大锤猛击条石前人胸口受到的压力为条石的重力，为表演成功，关键是确保大锤猛击条石时表演者胸口受到的附加压力不能太大。假设锤头质量为 m，速度为 v，锤头击打条石后经 Δt 时间速度减为 0。根据动量定理和牛顿第三定律，可得条石受到压力 $F=\frac{mv}{\Delta t}+mg$，因 Δt 很小，故 F 较大。另外击打面积小，产生压强（单位面积上的压力）大，足以击裂条石。如果条石经过时间 t 速度减为 0，同样得出对于条石下的人受到的附加压力大小为 $\Delta F=\frac{mv}{t}+\frac{mg\Delta t}{t}$。因人的腹部较软，且表演者与条石间还垫有厚毛巾一类的缓冲物，所以时间 t 较长，人受到的增加的压力并不大，这样经过一些训练的人是能够承受的。为实现人胸口受到的总压力不能太大，表演者要做的“特殊”准备有：条石是特制的，总重力不能太大；表演者与条石之间垫有缓冲物；击打者总是用锤头击打条石在腹部上方的部分，而一般不击打胸口正上方的部分（腹部可以比胸部产生更多的作用时间）。

第二个重要因素是人胸口受压力时的受力面积应尽量大，以减小压强。受力面积越大，条石的重量加上击打时的附加压力就被分摊得越充分，即单位面积上的力越小，人就越安全。这就需要表演者让条石尽可能多地与上身紧贴，条石下垫上毛巾也有这里的一部分原因。

“胸口碎大石”这一实例，让我们体会到力的作用效果不仅与作用的空间因素（如作用距离、作用面积等）有关，还跟作用的时间因素有关。建筑工人往墙里钉钉子用铁锤，而铺设瓷砖或木地板时用橡皮锤的做法，就是基于对力作用效果的空间和时间因素的综合考虑。此外，汽车安全带和安全气囊在交通事故中，也是通过缓冲起到有效的保护作用。

停不下来的牛顿摆
——动量守恒定律

有一种玩具叫作“永动球”，通常由 5 或 6 个质量相同的球体用吊绳固定悬挂，彼此紧密排列。当摆动最右侧的 1 个球撞击紧密排列的其他球时，最左边的球会弹出来，而且弹起的只有它。当同时摆动最右侧的 2 个球，让它们一起撞击紧密排列的其他球时，最左边的 2 个球会被同时弹起。后面的可以推想：同时摆动右边的 3 个球时，完成撞击后，向左侧同时弹出的球是 3 个；同时摆动右边 4 个球时，向左侧同时弹出的球是 4 个……当然此过程也是可逆的。当摆动最左侧的球撞击其他球时，最右侧的球会被弹出。当最左侧的 2 个球同时摆动并撞击其他球时，最右侧的 2 个球会被弹出。这个规律也适用于更多的球。我们似乎可以找到一个规律：同时弹起的球的个数总是等于同时撞击过来的球的个数。当紧密排列的球数量更多时，这个过程就更有意思，有的同学看它摆动，一看就能看上半个小时。

永动球其实是物理学中一个重要的碰撞模型，名叫牛顿摆。不过，牛顿摆并不是牛顿发明的，而是由法国物理学家伊丹 · 马略特最早在 1676 年提出来的。因为这个装置满足的基本规律——动量守恒定律最初是牛顿定律的推论，所以才叫牛顿摆。让我们来一起了解这其中涉及的物理学知识吧。

知识卡片

如果一个系统（由多个物体组成）不受外力或所受外力之和为零，则这个系统的总动量保持不变，这个结论叫作动量守恒定律。

对于碰撞过程，由于作用时间很短，物体间内力远大于外力，系统的总动量守恒。所谓内力是指施力物体属于系统内，当施力物体不属于系统时，对应的力为外力。内力和外力不是完全绝对的，可根据所选系统来区分。

根据碰撞过程动能的损失情况，可将碰撞分为三种：碰撞过程没有动能损失为弹性碰撞；碰撞过程有动能损失为非弹性碰撞；碰撞过程动能损失最大为完全非弹性碰撞。

我们以两个质量、大小完全相同的金属球在光滑水平面上发生的弹性碰撞为例来做一个简单分析。假设甲乙球质量均为 m，碰前运动的速度分别为 v_{10}、v_{20}，碰撞后两球速度分别为 v_1、v_2，由弹性碰撞满足动量和动能守恒，有 $mv_{10}+mv_{20}=mv_1+mv_2$，$\frac{1}{2}mv_{10}^2+\frac{1}{2}mv_{20}^2=\frac{1}{2}mv_1^2+\frac{1}{2}mv_2^2$。联立两个守恒方程可以解得：质量相等的两个物体在发生弹性碰撞时，两物体将交换速度，即 $v_1=v_{20}$，$v_2=v_{10}$（注：上述两个方程有两组解，其中一组解 $v_1=v_{10}$、$v_2=v_{20}$ 相当于没有发生碰撞，不符合实际意义，已舍去）。

回过头来，我们可以看出在牛顿摆的碰撞中，最右侧的球将通过下摆获得的动量经由碰撞传递到左侧并排悬挂的球上，动量在排在中间的球中向左传递。这是因为牛顿摆中每个小球质量都相同，因此两个球在碰撞的时候，交换了速度，运动球的动量全部转移给了静止球，因此出现了交替运动现象。实际情况的严谨解释是，金属球在碰撞过程中产生压力波（压力波的个数与撞击球的个数相关），运动球的动量会在碰撞瞬间以波的形式通过中间的几个球传递出去，对于最后一个球来说，由于其没有可供传递的对象，只能弹出摆起，并在接下来的时间内因重力作用而返回，从而这个过程周而复始地进行下去。

在一些体育赛事中，我们能看到两个质量相等的物体在碰撞时交换速度的现象，例如在冰壶比赛和台球比赛中的碰撞（注意前提是发生了对心碰撞，即碰撞前后物体的速度在同一条直线上）。

水母和章鱼的游动原理相同

反冲现象的分析

人们公认章鱼是海底无脊椎动物中最聪明的防御专家，你知道章鱼平时如何快速前进吗？当章鱼遇到危险时，它们一边喷出墨汁迷惑敌人，一边把水吸入自己的体腔，然后用力压水将水喷出，使自身获得相反方向的速度，实现身体的快速运动。章鱼能够调整自己的喷水方向，这样可以使它的身体向任意方向前进。那么这种运动包含着什么物理学原理呢?

我们把像这样通过分离出部分物质而使剩余的部分获得速度的现象称为反冲运动。反冲运动中，作用时间短，物体内部相互作用力大（可认为内力远大于外力），系统的总动量守恒。也可以认为，根据动量守恒定律，一个静止的物体在内力的作用下分裂为两部分，一部分向某一个方向运动，另一部分必定向相反方向运动，这就是反冲现象。

反冲运动在生活和科技中应用广泛，观察身边或影视中的事物，凡是以喷出的液体或气体作为动力（或部分动力）的装置都利用了反冲原理。一种在草坪绿化中使用的自动灌溉设备——360° 旋转摇摆喷水器，其喷水方向的改变是利用反冲实现的。炮弹在射出炮筒时，由于反冲作用会产生后坐力，这对炮车的固定提出了较高要求，也是在武器设计时必须要考虑的问题。手枪自动上膛也利用了反冲原理，弹头射出，弹壳因为巨大的反冲作用就会向后运动推动机簧自动给手枪上膛，多余的反冲力还会使弹壳从设计好的窟窿里弹出枪膛，所以手枪上好弹夹后只需在第一次发射子弹时手动上膛，之后就交给子弹自己来完成。喷气式飞机使用喷气发动机作为推进力来源，发动机中的燃料燃烧产生气体，气体向后高速喷射产生反冲作用，使飞机获得强大推力向前飞行并达到很大的速度。火箭的升空与生活中焰火的发射原理类似。火箭燃料发生化学反应产生气流向后喷出，带来反冲作用使火箭获得前进速度。现代液体燃料火箭的喷气速度为 2000~4000m/s，当火箭推进剂燃烧时，从尾部喷出的气体具有很大动量，根据动量守恒定律，火箭也获得了与气体动量大小相等且方向相反的巨大动量，得以升空。

茹科夫斯基转椅与直升机
——角动量守恒定律

使用可绕竖直轴自由旋转的转椅，可以演示一种很有意思的现象：如果让你坐在转椅上并系好安全带，然后手持哑铃，双臂平伸，请一位帮手帮你推动转椅，使转椅转动起来，这时你如果收缩双臂，会发现你和转椅的转速显著增大！当你双臂再度平伸，转速又会慢回来。这是什么道理呢？

刚刚提到的转椅在物理学上叫作茹科夫斯基转椅，以纪念空气动力学和流体动力学先驱尼古拉·茹科夫斯基。通过茹科夫斯基转椅实验，我们可以定性地观察到物理学中一个重要的规律——角动量守恒定律。

知识卡片

物体平动惯性的大小用质量来量度，而转动惯性（转动物体保持其匀速圆周运动或静止的特性）的大小则用转动惯量来量度。转动惯量用字母 I（或 J）表示。对于一个质点，$I=mr^2$，其中质点 m 是质量，r 是质点和转轴的垂直距离。

角动量（L）是描述物体转动状态的量，又称动量矩。在常见的情况下，角动量等于转动惯量与角速度的乘积，即 $L=I\omega$。

与“物体（系统）受外力之和为零，则这个物体（系统）动量守恒”类似：物体（系统）受外力矩之和为零，则这个物体（系统）角动量守恒，这一规律称为角动量守恒定律。

在茹科夫斯基转椅实验中，人的双臂并不产生对转轴的外力矩，忽略转轴的摩擦，如阻尼力矩也忽略不计，则绕转轴的外力矩为零，系统的角动量应保持守恒，人和转椅的转速将随着人手臂的伸缩而改变。当人收缩双臂时，转动惯量减小了，角速度必然会增大，反之亦然。花样滑冰运动员表演时，先把双臂张开，并绕通过足尖的垂直转轴以相对较小的角速度旋转。然后，花滑运动员迅速把双臂和腿朝躯干靠拢，你会看到旋转的转速突然增加，旋转更快。理由同样是角动量守恒定律：人的转动惯量变小，角速度就必然增大。

经典战争电影《黑鹰坠落》中黑鹰直升机坠落的片段十分震撼。飞行员驾驶的直升机被火箭弹击中了尾翼螺旋桨，先是机身晃动倾斜，接着尾翼螺旋桨脱落，直升机在空中开始急剧旋转，完全不受控制。在飞行员的连声呼喊中，“黑鹰”最终惨烈坠落。为什么直升机失去尾翼就会致使飞机急剧自旋并最终坠毁呢？其实，如果仔细观察影片的内容，我们会注意到在直升机尾翼被击毁后，机身自旋的方向与机身主螺旋桨旋转的方向刚好相反，这是角动量守恒定律在起作用的缘故。多加留意，你会发现影片中所有的单旋翼直升机都有尾桨。直升机飞行主要靠旋翼产生的拉力，旋翼旋转时给空气以扭矩（使物体转动的一种特殊力矩），空气同时以大小相等、方向相反的反扭矩作用于旋翼，再通过旋翼将这一反扭矩传递到直升机机体。这会使直升机向与旋翼旋转相反的方向转动，而尾桨产生的拉力可抵消这种转动，实现航向稳定。改变尾桨拉力大小可操纵航向。尾桨一旦失去动力，那直升机就要打转失去控制了。在战斗中，直升机因为尾桨受损而坠毁的概率远远高于因为其他部位被击中而坠毁的情况。

对称与和谐
——现代物理学的三大基本守恒定律

某品牌矿泉水的一句广告语写得好："我们不生产水，我们只是大自然的搬运工。"这句话从广告之外的角度来说，具有一些天然、客观、守恒思想的体现。

"守恒"是一种重要的思想。前文先后介绍了能量守恒定律、动量守恒定律和角动量守恒定律，这三个定律就是现代物理学中的三大基本守恒定律。它们的共同点是，只要某种物理过程满足一定的条件，就会有某种物理量在此过程中保持不变。这一特性可以使我们不必考虑过程细节就可以对初末状态的相应物理量做出某些结论性的判断，这是守恒定律的重要优点。它们都可以由牛顿运动定律导出，近代物理的发展已经证实，在牛顿运动定律不适用的物理现象中，这几个守恒定律依然成立。这表明这些守恒定律在自然界具有更普遍、更深刻的基础，即与时间和空间的对称性相联系。

守恒定律是对称性的结果。

如果一个物理过程的发展结果跟这个过程开始的时间无关，我们则说此过程具有时间平移对称性。也就是说，时间平移对称性的意思是在不同的时间物理过程服从相同的规律。比如昨天牛顿运动定律成立，今天成立，明天也成立，不会随时间改变。能量守恒定律是时间平移对称性导致的结果。比如把瀑布水流的动能转变为电能，在任何时间内，同样的水流发出的电能都是一样的，这个能量不会随观察时间的变化而变化。

如果一个物理过程的发展结果跟这个过程发生的空间位置无关，我们则说此过程具有空间平移对称性，也就是说，空间平移对称性的意思是在不同的空间位置物理过程服从相同的规律。动量守恒定律是空间平移对称性导致的结果。

同理，角动量守恒定律是空间旋转对称性（空间各向同性）导致的结果。

对物质运动基本规律的探索中，对称性和守恒定律的关系研究占有重要的地位。二者之间的对应关系，是由德国女数学家艾米·诺特在 1918 年首先发现的，因而被称为诺特定理。定理指出：如果物理定律在某一变换下具有不变性，必相应地存在一条守恒定律。实际上在此之前，物理学家们已经形成了这样的一种思维定式：发现了一种新的对称性，就要去寻觅相应的守恒定律；反之，发现了一条守恒定律，也总要把相应的对称性找出来。诺特定理将物理学中“对称性”的重要性推到了史无前例的高度。不过，物理学家们似乎还不满足，1926 年，又有人提出了宇称守恒定律，把对称性和守恒定律的关系进一步推行到了微观世界。

思考时刻

在我们学习吸收的知识中，有些成长为我们的“肌肉”和“脂肪”，而有些成长为我们的“脊梁”，那就是关于方法和思想的知识。当我们明白了各种对称性与物理量守恒定律的对应关系后，也就明白了对称性原理的重要意义。我们无法想象一个没有对称性的世界，就连物理定律也变化不定，那会是一个多么混乱、多么令人不知所措的世界啊！

脑洞物理学

读完本章内容，同学们可以尝试进行以下探究课题，体验物理学的魅力。

Task1 观察并查阅资料，分析生活中的简单机械。

观察生活中有哪些简单机械？他们分别有什么作用？在生活中为了做事或工作方便，我们应该如何选用不同的简单机械呢？

Task2 过山车里的力学知识

乘坐过山车很刺激，那风驰电掣、有惊无险的快感令许多人着迷。乘坐过山车不仅能体验到冒险的快感，可能还会灵光一现理解力学定律呢！实际上，过山车的运动包含了许多物理学原理，人们在设计过山车时巧妙地运用了这些规律。

（提示：在开始时，过山车的小列车是靠一个机械装置的推力行驶到最高点的，但在第一次下行后，就再也没有任何装置为它提供动力了。从这时起，带动它沿着轨道行驶的“发动机”是重力势能，即由重力势能转化为动能，又由动能转化为重力势能，这样不断转化。在转化过程中，由于过山车车轮与轨道摩擦产生热量，从而损耗了少量的机械能。这就是将后面的小山丘设计成比开始的小山丘低的原因——过山车已没有足够机械能上升到像前一个小山丘那样的高度了。乘坐过山车最后一节车厢的体验尤为刺激，这是因为在过山车的尾部下降的感觉更加强烈。最后一节车厢通过最高点时的速度比过山车头部的车厢要快，这是由于引力作用于过山车中部的质量中心的缘故。）

“啊——！”已经无心分析受力了

Task3 分析一些成语或俗语中的物理学原理

比如，成语“如坐针毡”体现了压强知识——当压力一定时，如果受力面积越小，则压强越大。俗语“小小秤砣压千斤”包含着杠杆平衡原理。试着找一些成语或俗语，并用物理学知识来解释它们。

Task4 小实验——叠砖块

找到五块一样的砖块（木块或其他长方体也可），把它们在桌面上垒叠起来。要求最上面一块砖的俯视投影不能与最底下一块砖的底面重合，另外，叠放时每块砖只能纵向安置，而不允许纵横交错。试试你能多快把五块砖垒好。

有同学先把一块砖放在桌上。放第二块砖时为了获得尽可能多的伸出面，这位同学使上面一块砖伸出全长的1/2。但放第三块砖时遇到了难题：第三块砖最多只能与第二块砖对齐，超出一点砖就要塌下来。是把第二块砖退缩一点，还是第三块砖呢？退缩多少才是最佳呢？看来得好好想想办法。

（提示：对两块砖来说，所有人都会毫不犹豫地将上面一块砖伸出1/2长，这是上砖比下砖伸出的最大值。关键在于第三块砖如何放置，前面提到的那种方法显然不行。那就采用逆向思维：我们先把第一、二块砖看作一块整体代号为A的砖，再考虑第三块砖如何放。这样，三块砖垒放问题就变成了两块砖垒放问题，而两块砖垒放问题是你比较熟悉的。设想第三块砖放在A砖下，A砖伸出1/2时重心刚好在三号砖边线上。而二号砖相对于一号砖也是伸出量最大位置，故此时最上面一块砖对于最底下一块砖的伸出量最大。依此类推，把一、二、三号砖看成整体，把第四块砖放在最下面……这样，使最上面一块砖的俯视投影不与最底下一块砖的底面重合的任务就完成了。你也可以事先在纸上画出上述叠砖的图形，每次利用杠杆知识求出重心的位置，再进行操作即可。）

学霸笔记

1. 功

如果作用于某物体的恒力大小为F，该物体沿力的方向运动，经过位移l，则F与l的乘积叫作恒力F的功，简称功。做功的两个不可缺少的因素是力和力的方向上发生的位移。公式为$W=Fl\cos\alpha$，其中α为F与l的夹角。功的单位是焦耳，$1\text{J}=1\text{N}\cdot\text{m}$。功是标量，但有正负之分，正功表示动力对物体做功，负功表示阻力对物体做功。一个力对物体做负功，往往说成是物体克服这个力做功（取绝对值）。

2. 功率

功与完成这些功所用时间的比值叫作功率。功率物理意义在于表示做功的快慢，功率大则表示力对物体做功快，功率小则表示力对物体做功慢。功率也是标量，只有大小，没有方向。功率的单位是瓦特，$1\text{W}=1\text{J/s}$。机械的功率有额定功率和实际功率两种。额定功率一般在机械的铭牌上标明，一般指机械正常工作时的最大输出功率，实际功率指的是机械实际工作时输出的功率，要求小于等于额定功率。使用任何机械都不能省功（功的原理），但可以改变功率。

3. 动能与动能定理

动能是物体由于运动而具有的能，$E_k=\frac{1}{2}mv^2$。单位是焦耳，$1\text{J}=1\text{N}\cdot\text{m}=1\text{kg}\cdot\text{m}^2/\text{s}^2$。动能是标量，只有正值。

动能定理的内容是：在一个过程中合外力对物体所做的功，等于物体在这个过程中动能的变化。表达式：$W=\frac{1}{2}mv_2{}^2-\frac{1}{2}mv_1{}^2$。动能定理既适用于直线运动，也适用于曲线运动；既适用于恒力做功，也适用于变力做功。

4. 重力势能与弹性势能

被举高的物体具有重力势能，$E_p=mgh$。重力势能的大小是相对的，与参考平面的选取有关；重力势能的变化量是绝对的，与参考面的选取无关。重力对物体做正功，重力势能就减小；重力对物体做负功，重力势能就增大，即重力对物体做的功等于物体重力势能的减小量（可正可负）。

物体由于发生弹性形变而具有的能为弹性势能。弹簧的弹性势能的大小与形变量及弹簧劲度系数有关，弹簧的形变量越大，劲度系数越大，弹簧的弹性势能越大，即$E_p=\frac{1}{2}kx^2$。

5. 机械能守恒定律与能量守恒定律

重力势能、弹性势能和动能统称为机械能。在只有重力或弹力做功的物体系统内，动能与势能可以互相转化，而总的机械能保持不变，即机械能守恒定律。

做功的过程一定伴随有能量的转化，功是能量转化的量度，即做了多少功，就有多少能量发生了转化。能量既不会凭空产生，也不会凭空消失。它只能从一种形式转化为另一种形式，或者从一个物体转移到别的物体，在转化或转移的过程中，能量的总量保持不变。此为能量守恒定律。

6. 动量与动量定理

物体质量与速度的乘积为动量，即$p=mv$，单位是kg · m/s。动量是描述物体运动状态的物理量，是矢量，其方向与速度的方向相同。力与力的作用时间的乘积叫作力的冲量，即$I=F \cdot t$。冲量是矢量，其方向与力的方向相同，单位是N · s。动量定理指出：物体在一个过程始末的动量变化量等于它在这个过程中所受力的冲量，即$p'-p=I$。

7. 动量守恒定律与角动量守恒定律

动量守恒定律指的是一个不受外力或所受外力的合力为零的系统总动量是不变的。

角动量守恒定律指的是一个不受外力矩作用或所受外力的合力矩为零的系统角动量是不变的。

从认知思想上解释，守恒定律是对称性的结果（诺特定理）。

04 电与磁

不一样的物理课

Physical

To 同学们：

当今世界，“电”无处不在。

电在我们生活中到底有多重要？如果没有了电，世界会怎样？

突然有一天，全世界的电器全部无法运转，车、自来水、电池、手机和电视都不能使用了。在东京生活的铃木一家四口决定逃离东京，骑自行车去乡下，那里起码可以过上自给自足的生活。他们一人一辆自行车，面对缺水、日晒、狂风暴雨甚至死亡的威胁匆匆上路……

这是2018年的日本影片《生存家族》的剧情。事实上，如果真的没有了电，我们能看到的绝不是电影中表现的“钻木取火烹食，饮用抽压井水，大锅烧柴沐浴，追逐捕捉牲畜，木筏顺流而下……”这种原始淳朴的画面！没有电，世界会马上陷入瘫痪、混乱甚至战火之中。

电与磁关系密切。电能生磁，磁也能生电，没有磁就没有我们家庭中使用的电。本章我们来谈谈电与磁的有关现象和规律。

本章要点

- 库仑定律
- 电流、电压与电阻
- 欧姆定律与焦耳定律
- 安培力与洛伦兹力
- 电磁感应现象与楞次定律
- 法拉第电磁感应定律
- 安培定则、左手定则与右手定则
- 交变电流、变压器与远距离输电
- 无线电波与现代通信

从“顿牟掇芥”说起
——静电现象与电荷

人类是从静电现象开始认识电的。在两千多年前的东汉时期，杰出的思想家王充在其所著书籍《论衡》中记载了一种有关静电的现象——“顿牟掇芥”（dùn móu duō gài）。“顿牟”就是琥珀，“芥”指芥菜子，也指干草、纸等的微小屑末。“掇芥”的意思是吸引芥子之类的轻小物体，因此“顿牟掇芥”的意思就是，摩擦过的琥珀具有吸引轻小物体的本领。这说明摩擦起电的静电现象早已被人们注意到。所谓“静电”，是指电荷在物体中能够积聚起来，但是不能持续流动。在欧洲，英国女王伊丽莎白一世的御医吉尔伯特首先引入了“电吸引”这个概念，系统地研究了静电现象。1600年，吉尔伯特发现一些物质互相摩擦后，能够吸引轻小物体，他把这种力称为“琥珀之力”。后来，科学名词“电”的英文拼写就根据希腊文“琥珀”的词根拟定。

你可能在生活中已经注意到了一些静电现象。在干燥的季节里，早晨起床后用梳子梳头发，梳子和头发摩擦会产生静电。当你脱下毛衣时，会听到“噼噼啪啪”的响声，在晚上可能还会看到闪烁的细小电光。这些现象在西晋的张华编撰的《博物志》中也有记载：“今人梳头、脱著衣时，有随梳、解结有光者，亦有咤声。”不仅如此，如果这时候你用手指触及门把手、钥匙、水龙头等金属器物，会有针刺般的电击感。

因静电而毛发乱飞的小狗

知识卡片

自然界中只有两种电荷。人们规定丝绸摩擦过的玻璃棒带的电荷是正电荷，毛皮摩擦过的橡胶棒带的电荷是负电荷。同种电荷互相排斥，异种电荷互相吸引。

常见的产生静电的方式有三种，即摩擦起电、接触起电和感应起电。摩擦起电并没有创造电荷，只是电子由一个物体转移到另一个物体，得到电子的物体带负电，失去电子的物体带正电。摩擦起电的实质是电荷在物体间的转移。

如何解释经摩擦带电的物体对轻小物体的吸引呢？原来，在带电体电荷电场的作用下，构成轻小物体的原子正电荷中心与负电荷中心会分开极小的距离（物理学上称为“极化”）。根据电荷间的作用规律，与摩擦带电体电性相反的电荷中心会距离摩擦带电体近一些，引力就比斥力大一些，于是轻小物体就被吸引了。

知识卡片

物体带电的多少叫电荷量，简称为电荷或电量，通常用 Q 表示，单位是库仑（C）。元电荷 e 是最小的电荷，即一个质子的电荷量，$e=1.60\times10^{-19}$C，电子电荷量 $q=-e=-1.60\times10^{-19}$C。所有带电体的电荷量都是元电荷的整数倍。

闪电是发生在云与云之间、云与地之间或云体内的强烈放电现象，一道闪电长度可达数百甚至上千米。闪电释放的电能很大，粗略估算地球上每天有数百万次以上的雷电发生，释放的电功率是葛洲坝水电站发电功率的几千倍。在闪电发生之前，巨大的云层聚积的电荷量最多可达几百库仑，可见库仑是一个比较大的电荷单位。

电荷间的相互作用规律
——库仑定律

电荷间同种电荷相斥，异种电荷相吸，但相斥和相吸的力究竟有多大呢？今天，很多中学生都知道了两个点电荷之间的作用力满足库仑定律。但这一规律的发现实际上极为曲折，很多科学家在这一问题上做了大量的猜想和实践。

1755 年，美国科学家富兰克林观察到电荷只分布在导体表面，而在导体内部没有静电效应。1759 年，德国科学家爱皮努斯提出一种假设，认为电荷之间的斥力和引力随带电体的距离减少而增大。不过，他并没有用实验验证这个假设。1760 年，还有人猜测电力会跟万有引力一样服从平方反比定律，这种想法在当时有一定的代表性。

1773 年，英国物理学家卡文迪许用两个同心金属壳做实验，通过重复实验，他确定电力服从平方反比定律，而且他得到的结果在当时的条件下十分精确。受牛顿研究万有引力的影响，卡文迪许圆满解释了电荷在导体表面分布并严格遵守距离平方反比律的原因。他说：“从牛顿的证明中同样能得到这样的结论，如果排斥力反比于稍高于二次方的幂，电荷将被推向中心；如果排斥力反比于稍低于二次方的幂，电荷将被从中心推向外缘。”卡文迪许是“一切有学问的人当中最富有的，一切富有的人当中最有学问的”（法国科学家比奥语），但生性孤僻，很少与人交往，直到他去世，都没有公开发表这一研究结果。1879 年，麦克斯韦整理出卡文迪许的这项研究成果，他的研究才为世人所知。如果这个成果能够及时发表，也许现在的库仑定律就要改个名称了。

库仑的实验

库仑是法国工程师和物理学家。他是怎样巧妙地得出两电荷间作用力规律的呢？他的研究包括两个方面：两电荷之间排斥力的规律和两电荷之间吸引力的规律。

在 1785 年，库仑利用扭秤实验测量了两电荷之间的排斥力与它们之间距离的关系，他得出结论：“两个带有同种类型电荷的小球之间的排斥力与这两球中心之间的距离平方成反比。”库仑在《电力定律》的论文中详细地介绍了他的实验装置、测试经过和实验结果。

库仑扭秤核心部件由一根悬挂在细长线上的轻棒和在轻棒两端附着的两只平衡球构成。当球上没有电作用力的时候，轻棒处在平衡状态。如果两球中有一个带电，同时把另一个带同种电荷的小球放在它附近，则会有电斥力作用在这个球上，使可动球被排斥开，使棒绕着悬挂点转动，直到悬丝的扭力与电斥力达到平衡为止。因为悬丝非常细，很小的力作用在球上就能使棒明显地偏离它的原位置，转动的角度与力的大小成正比。两个带电体之间的不同距离是容易调节和测量的。

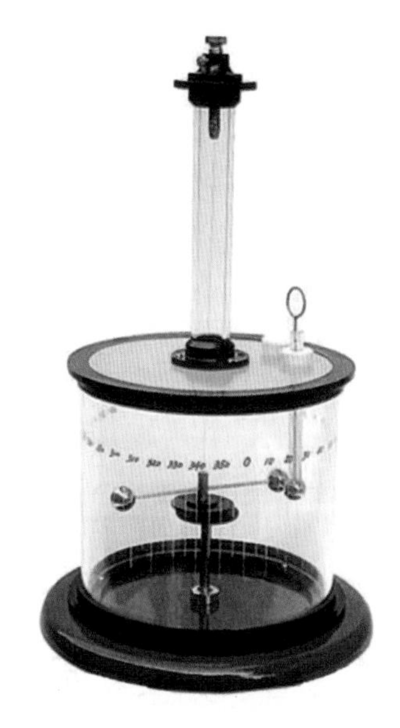

库仑扭秤

但在库仑那个年代有一个现实的困难：那时既没有电荷量的单位，也无法测量物体所带的电荷量。于是按照实验的需要，库仑巧妙地利用对称性原理对金属球的电量进行改变。他先让金属球 B 带上电荷，假设其电量为 Q。使它与没有带电的金属球 A（A、B 两个球完全一样）相接触，即 A、B 两球的电量都是 $Q/2$。如果再用一个不带电的完全相同的球与 B 球接触后分开，每重复接触一次，B 球的电量都会减半，因此依次可得 Q、$Q/2$、$Q/4$、$Q/8$……用这个方法，库仑让可动球和固定球分别带上同量的同种电荷，并调整两个球之间的距离，细致地做了三次实验，得出结论：斥力的大小与距离的平方成反比。

然而，扭秤方法在异种电荷实验中遇到了麻烦。因为引力的变化要比金属丝扭力变化快，这就不能保证扭秤的稳定。两带电球如果相距较远，则其误差很大；如果相距较近，两球往往会相碰——这是因为扭秤十分灵活，多少会出现左右摇摆的缘故。两球相吸的结果常常是相互接触而发生电荷中和现象，使实验无法进行下去。于是，为了探究电荷间引力与电荷间距离的平方是否也成反比，库仑又设计了一个电摆实验，利用与单摆相似的方法进行测量，证明异种电荷之间的引力也与它们距离的平方成反比。

知识卡片

库仑定律：真空中两个静止点电荷之间的相互作用力，与它们电荷量的乘积成正比，与它们距离的二次方成反比，作用力的方向在它们的连线上。表达式为 $F=k\frac{q_1q_2}{r^2}$，式中 $k=9.0\times10^9\text{N}\cdot\text{m}^2/\text{C}^2$，叫作静电力常量。在空气中，两个点电荷的作用力近似等于真空中的情况，库仑定律也成立。当两个带电体的间距远大于本身的大小时，可以把带电体看成点电荷。

库仑定律是电学发展史上的第一个定量规律，它使电学的研究从定性进入定量阶段，是电磁学和电磁场理论的基本定律之一，是电学史中的一个里程碑。到目前为止，理论和实验表明点电荷作用力的平方反比定律是非常精确的。从著名的 α 粒子散射实验到地球物理领域的实验均表明，库仑定律在 $10^{-11}\sim10^{7}$ 米的尺度范围内都是十分可靠的。

信鸽为何自带“导航”?——磁场

动物是人类的朋友，有些动物不仅能陪伴人类并给人们带来欢乐和便利，在关键的时候还能救人性命。第二次世界大战期间，不仅涌现了大量的英雄人物，也诞生了不少“英雄动物”。那些在战场上做出特殊贡献的动物们有时也会被授予军事奖项，比如著名的“迪肯勋章”。二战结束后，联军共颁发了 66 枚迪肯勋章，其中 1 枚授予猫，3 枚授予马，29 枚授予狗，32 枚授予信鸽。

信鸽因在战争中发挥重要作用成为获得“迪肯勋章”最多的动物，人们主要利用信鸽精准的长距离飞行来传递情报。你知道信鸽为什么能正确地辨认方位吗?

知识卡片

一些物体能够吸引铁、钴、镍等物质，这些物体叫作磁体。磁体具有磁性，磁体各部分磁性强弱不同，磁性最强的叫磁极。磁体周围存在磁场，能对放入其中的其他磁体产生磁力。能够自由转动的磁体（比如悬吊着的小磁针），静止时指南的那个磁极叫作南极（south pole）或 S 极，指北的那个磁极叫作北极（north pole）或 N 极。磁极间相互作用的规律是：同名磁极相互排斥，异名磁极相互吸引。

中国春秋时期就有人发现一些天然矿石具有磁性，并发现地磁场对磁石的作用，利用其来指向。最早的指南仪器叫作司南。将磁石制成勺状，把它放在光滑圆盘上，勺底与圆盘接触，勺柄用作指向。司南多用于航海领域，后逐渐改进，发展成为今天的罗盘。现在人们利用天然磁矿石、钢与人工合成材料可以制作各种人造磁体。

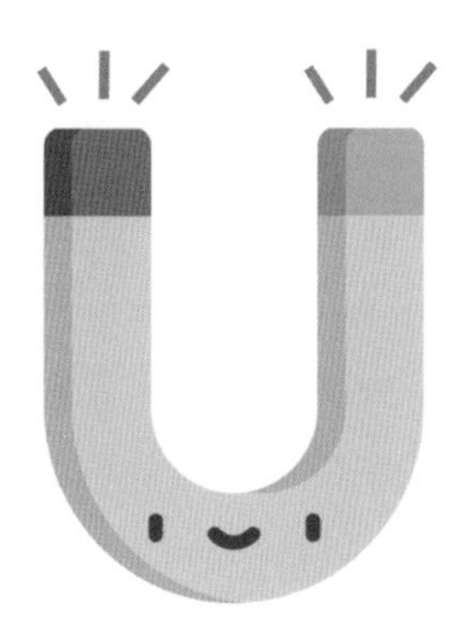

地球具有磁场，我们可以把地球看作一个巨大的球形磁体。地理的两极和地磁场的两极并不重合，磁针所指的南北方向与地理的南北方向略有偏离，它们之间的夹角称为地磁偏角，简称磁偏角。不同的地方，地磁偏角的大小也不尽相同，比如在漠河是 11°00′，北京是 5°50′，广州是 1°09′。这就是在有些地方我们使用指南针辨别方向时，指针并不与地理南北方向完全重合的原因。

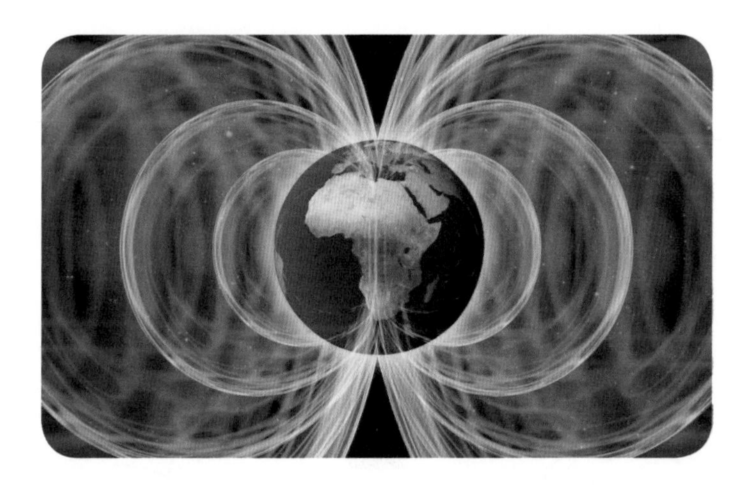

地球的磁场不是一成不变的。磁场的强度、地磁偏角、磁极的位置等都会发生变化。研究发现，在地球漫长的历史中，地磁极的倒转已经发生过多次。目前，物理学家们并不能对地磁极若干年后的位置做出准确的预测。地磁极为什么会出现移动，我们现在有的只是猜想，但如果地磁极突然变化，会让依赖地磁场导航的物品——大到飞机轮船，小到手机手表都迷失方向。

与生俱来的“地磁导航系统”

人类早就发现信鸽具有惊人的远距离辨向本领，早在古埃及时，就有人把鸽子训练成高效可靠的“传令兵”。第二次世界大战期间，虽然无线电已经发明出来并得到广泛应用，但在通信战线上信鸽仍占有重要地位。1943 年 11 月 18 日，英国第 56 步兵旅为了迅速突破德军防线，请求盟军空军予以火力支援。正当盟军飞机要起飞时，一只名为“格久”的信鸽送来一封十万火急的信件：“德军防线已被第 56 步兵旅攻占，请求紧急撤销轰炸！”千钧一发之际，若不是信鸽带来消息，步兵旅 1000 名士兵就会因信息未及时传递而被战友误伤，甚至丧失生命。据分析，12 分钟的时间内，这只信鸽竟飞行了超过 30 千米。英国伦敦市长将迪肯勋章授予这只立下大功的信鸽，人们会一直记得这个故事。

在过去很长的一段时间里，人们把信鸽高超的辨向本领归结于它的视力和记忆力。直到 20 世纪，科学家才用实验证实了信鸽是依赖地磁场来判别方向的。科学家把数百只训练有素的信鸽分成两组，一组信鸽翅下系小磁铁，另一组信鸽翅下系同样大小的铜块，然后把它们带到距离鸽舍数十至数百千米的地方分批次放飞。结果绝大部分带铜块的信鸽飞回了鸽舍，而系磁铁的信鸽却全都飞散了。这说明磁铁的磁场扰乱了信鸽体内的导航系统，把它们弄得晕头转向。后来科学家在解剖信鸽时，在信鸽头部找到了许多具有强磁性的四氧化三铁（Fe_3O_4）颗粒，这些颗粒（磁性细胞）排列成较为固定的形状，组成了对地磁场十分敏感的导航系统。后来的研究表明，除信鸽外的一些候鸟头部也有丰富的磁性颗粒，这样它们就可以进行长距离迁徙，却从不会迷失方向。

此外，多观察留意身边的动物，你可能会观察到蜜蜂、苍蝇等昆虫在起飞或降落的时候往往愿意取南、北方向（即地磁场方向）。在科学实验中，如果在蜂巢的四周放上几块强磁体（比如钕铁硼），很多外出采蜜的工蜂会找不到自己的蜂巢。如果把强磁体放进它们巢里，可以发现蜂巢里的蜜蜂一反常态，连飞行舞蹈的姿势都与平时大相径庭。这种现象显然是磁场惹的祸。

直观描述抽象电磁场的方法
——电场线与磁感线

在物理学的发展过程中，出现过很多伟大的物理学家，他们对于人类的进步做出了杰出的贡献。其中有一位物理学家闪耀着特殊的光芒，他就是仅读过两年小学却被称为“电学之父”的英国物理学家迈克尔·法拉第。后来有人说：由于法拉第是自学成才，和当时别的大师相比，数学功底稍逊色一些，所以法拉第总是想通过物理实验方法去解决一些难题，最终百炼成钢成为 19 世纪电磁学领域中最伟大的实验物理学家。这种说法不无道理，电场线与磁感线的确如同神来之笔。

法拉第

知识卡片

电场和磁场是客观存在于电荷和磁体周围的一种物质，其基本性质是对放入其中的电荷或磁体有力的作用。为了描述抽象的电场和磁场，法拉第提出了“力线”的概念来解释电、磁现象，这是物理学理论上的一次重大突破，为经典电磁学理论的建立奠定了基础。

我们在电场或磁场中画出一些曲线，曲线上每一点的切线方向都跟该点的场强度方向一致，曲线的疏密表示场的强弱，这些线在电场中称为电场线（电力线），在磁场中称为磁感线（磁力线）。电场线上每一点的切线方向就是放置在该点的正电荷的受力方向；磁感线每一点的切线方向就是放置在该点的小磁针 N 极的受力方向。

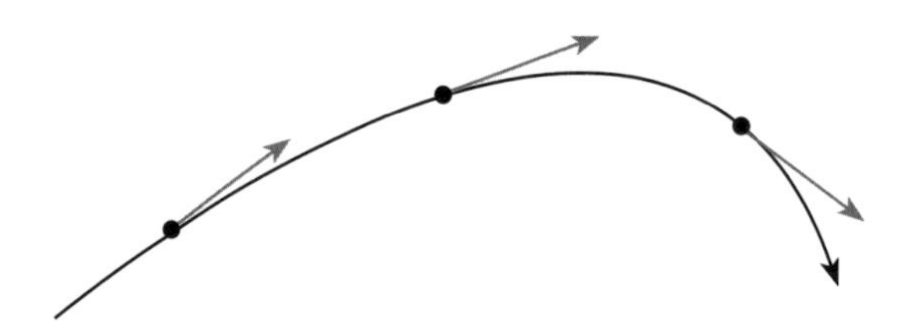

电场线与磁感线可以借助实物模拟出来。以磁感线为例，将磁铁平放在桌面上，在磁铁周围撒上碎铁屑或摆上小磁针，就可以显示其周围的磁场情况了。进一步根据碎铁屑（已被磁化成小磁体）或小磁针的指向，我们可以得到其周围的磁感线。类似地，人们用悬浮在蓖麻油中的轻小物体可以模拟出电场线的分布情况。常用到的电场线有点电荷的电场线、匀强电场线等。

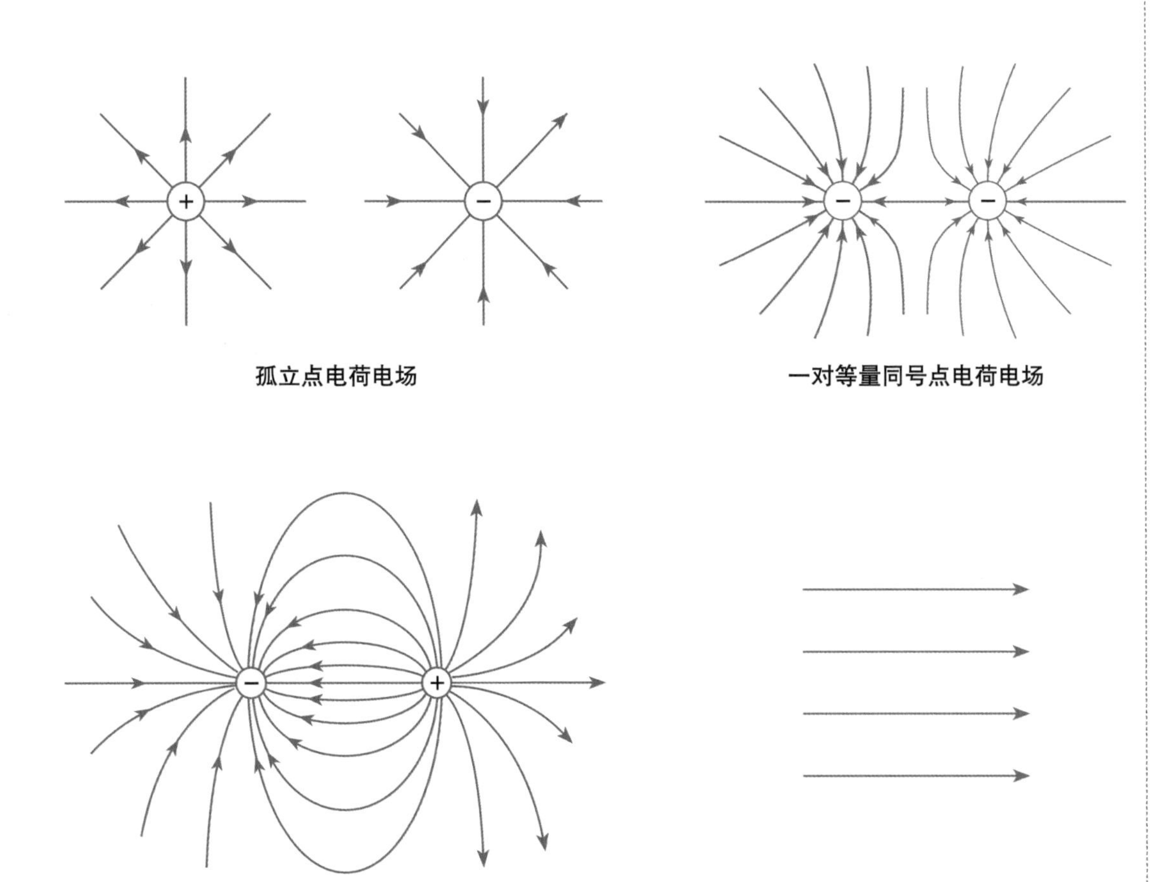

孤立点电荷电场　　一对等量同号点电荷电场

一对等量异号点电荷电场　　匀强电场

电场线与磁感线有共同点，也有差异。共同点是电场线与磁感线都是研究问题的假想工具，实际并不存在。还有一个共同点就是，二者中都不能出现相交，因为不论电场还是磁场中的任意一点，场的方向只能有一个，过一个点只能画一条切线。不同的是电场线有起点和终点（从正电荷出发，终止于负电荷），而磁感线是闭合曲线，没有起点和终点，也就是说磁体内部也有磁感线。

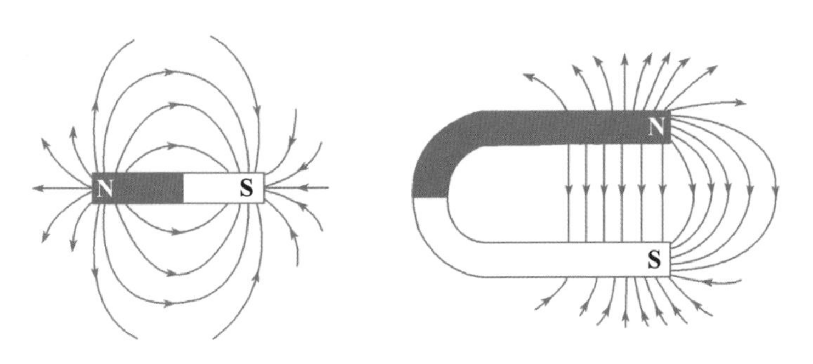

条形磁铁与蹄形磁铁磁场

用电场线和磁感线描述电场和磁场，并不涉及精确的数学工具，但这种“线”的观念给人们带来一种新的物理思想。在法拉第步入花甲之年后，另一位电磁学巨匠——麦克斯韦接触到了法拉第关于电磁学方面的新理论和思想。当他读到法拉第的《电学实验研究》时激动得不能自持，他以犀利的眼光看出法拉第的“场”和“力线”思想的真实意义。于是他抱着给法拉第的理论“提供数学方法基础”的愿望，决心以数学手段弥补法拉第的不足，立志把法拉第的“场”和“力线”天才思想以清晰准确的数学形式表示出来。1856 年，麦克斯韦在剑桥发表了“电磁学三部曲”的第一篇论文——《论法拉第的力线》，用矢量微分方程描述电场线，将数学与电学完美结合。此后，他连续发表《论物理学的力线》和《电磁场的动力学理论》，用麦克斯韦方程组将电磁场的本质内涵以优美的现代数学形式充分展现给世人，将物理学推向一个前所未有的新高度。

麦克斯韦

油罐车为什么拖一根长铁链？

——静电的应用与预防

随着生活水平的提高，汽车的使用日渐普及。不知道你注意过没有，在运输汽油、柴油的油罐车尾部拖着一根长长的铁链，行驶时会发出哐当哐当的声音。是司机懒惰到连垂落在地的铁链都不处理吗？当然不是。这根链子大有用途。

原来，油罐车在灌油、运输过程中，燃油与油罐摩擦、撞击会产生静电。产生的静电如果没有及时导走，积累到一定程度会产生电火花，引起爆炸。于是人们就想了个办法，采用一根拖在地上的铁链把静电导走。不仅油罐车如此，飞机在大气中飞行时与空气摩擦带的电，在着陆过程中如果没有导走可能会对地勤人员造成伤害。地勤人员接近机身时，人与飞机间会产生火花放电，严重时甚至能将人击倒。为防止这种情况发生，飞机机轮或装有搭地线，或用导电橡胶制成，保证着陆时将机身静电导入大地。

为什么在汽车或飞机的外表连接一根导线就能导走静电呢？这需要用静电平衡的知识来解释。

知识卡片

空腔导体（不论是否接地）带上电荷后，因为同种电荷互相排斥，导体内部没有电荷，电荷只分布在导体的外表面，形成静电平衡。导体处于静电平衡时，内部合电场处处为零，且导体外表面形状越尖锐的位置单位面积电荷量（即电荷的密度）越大，凹陷位置几乎没有电荷。

导体尖端电荷密度大，由此产生极强的电场，使空气电离成带正负电荷的粒子，与导体尖端的电荷符号相反的粒子由于被尖端吸引，与尖端上的电荷中和，相当于导体从尖端失去电荷，此现象称为尖端放电。

应用尖端放电原理，人们制造了很多装置，油罐车下拖着的长铁链就是其中之一。自然界中存在着很多静电，闪电是其中的一种。云层由于移动摩擦带电，一旦和地面或建筑发生放电现象，就会释放能量，能量以火花形式呈现，也就是闪电。为了避免闪电对建筑物的伤害，高层建筑都会安装避雷针。

静电极易产生，且能形成较高电压，因此在人类生产生活中静电的危害很常见。比如，静电会严重干扰飞机无线电设备的正常工作；纸张间的静电会使纸粘在一起，给印刷带来麻烦；在制药厂里，静电吸引尘埃，会使药品达不到标准纯度；电视机荧屏表面的静电易吸附灰尘，使图像清晰度和亮度降低；静电火花易点燃某些易燃物而发生爆炸，比如在手术室引起麻醉剂爆炸，在煤矿引起瓦斯爆炸……

那么，该如何预防静电带来的危害呢？方法也有很多：除油罐车拖地铁链和飞机的机轮搭地线外，营造潮湿的空气环境可使静电很快消失，在地毯中夹入不锈钢丝也可将静电导入地下……

事物具有两面性，静电既会带来危害，也可以被人们利用。静电的应用已有多种实例，依据的原理大多是让带电物质微粒在电场力作用下奔向并吸附到电极上。比如，静电除尘器可消除烟气中的灰尘，它主要由电离区和集尘区组成。电离区附近的空气分子被强电场电离为电子和正离子。被电离后的离子向前移动时，遇到烟气中的灰尘，使灰尘带电，然后被吸附在带电集尘盘上，这样除尘器就排出了清洁的气体。在静电喷涂中，使油漆微粒带电，在电力作用下，油漆微粒飞向作为电极的工件，并沉积在工件表面上，完成油漆工件的任务。在静电植绒中，使绒毛带电，可以把绒毛植在涂有黏合剂的纺织物上，形成刺绣似的纺织品。静电复印机或激光复印机程序虽复杂，但核心原理很简单，就是利用静电吸附墨粉进行复印。

电路研究的基本物理量
——电流、电压与电阻

电流

电流的概念对人们深入研究电学和电磁现象有着重要的意义。因为任何运动着的物体都要比它处于相对静止时更能显露出其本质和丰富多彩的性质。电流的发现和研究不仅使人类对电荷的认识有了质的飞跃，开辟了一个新领域，而且也打开了探索电现象与其他物理现象内在联系的大门。

所谓电流，就是电荷沿一定的方向移动的现象，在金属导体中的电流是靠自由电子的定向移动来形成的。电流通过电路时，会产生许多新的效应：电流通过电灯的时候，电灯就发热发光；电流通过电风扇的时候，电风扇就能转动；电流可使蓄电池充电；电流还可带动电动机做功……这些现象表明，电流可通过各种特定器件将电能转化为其他形式的能量。

意大利波洛尼亚大学的一位解剖学教授第一个发现了电流。1780 年，伽伐尼和他的助手在做解剖青蛙实验的过程中，偶然发现当解剖刀与蛙体神经相接触时，蛙腿出现了抽动的现象。他和助手做了上百次实验，得出了结论并且公开发表在波洛尼亚大学 1791~1792 年的工作纪要上：电来自蛙体的神经，解剖刀作为导体起传导作用而形成电流。他把这种电称为“动物电”（现在叫作生物电）。从此，对电流的研究拉开了序幕。

伽伐尼

知识卡片

电荷的定向移动形成电流。物理学中将通过导体某一横截面的电量和时间的比值称为电流强度（I），简称电流。定义式为 $I=\frac{q}{t}$，国际制单位是安培（A），常用单位有毫安（mA）、微安（μA）等，1A＝1000mA＝10^6μA。电流的方向规定为正电荷定向移动的方向，如果形成电流的是定向移动的负电荷，则电流方向与负电荷的定向移动方向相反。

购买手机的人经常会关心续航时间的长短。目前智能手机基本上是一天一充电，有的机型使用数个小时就需要充电，所以经常能看到有人带着充电宝随时给手机“加油”。为了让手机续航时间有所提升，现在的手机厂商开始把电池容量做大，比较主流的在3000mAh 左右，而主打长续航的机型都在 4000mAh 以上，手机电池、充电宝后面也标有电池容量参数。那么，mAh 具体是什么意思呢？

这里的“h”指小时，根据电流定义，4000mAh 就是 4Ah，即电池内含 4×3600=14400 库仑电量。也就是说表征电池容量的参数指的是电池内的电荷量，“4000mAh”我们也可以等效地理解为电池以 10mA 大小的电流（手机待机时的大约数值）持续向外供电，可以供电 400 小时。当然，考虑实际使用过程中，电池受温度等诸多因素的影响会有所变化。

常见的电流分为直流和交流两种，手机电池提供的是直流电流，交流电的应用更为广泛。同样数值的直流电和交流电，人的感知情况是不同的，交流电流比同样数值的直流电流对人体的危害更大。以现在普遍使用的交流电为例，人体对电流的感知反应为：当电流为 0.5~1mA 时，人就有手指、手腕麻或痛的感觉；当电流增至 8~10mA 时，人的针刺感、疼痛感增强，肌肉发生痉挛，但最终还能摆脱带电体；当接触电流达到 20~30mA 时，会使人迅速麻痹不能摆脱带电体，而且血压升高，呼吸困难；电流为 50mA 时，就会使人呼吸麻痹，心脏开始剧烈颤动，数秒就可致命。而当人体触及直流电时，感知电流平均约为4mA；摆脱电流平均约 60mA；引起心室颤动的电流，当持续时间为 30ms（毫秒）时约为1.3A，当持续时间为 3s 时约为 500mA，大大高于交流电的数值。

中学物理阶段测量电流的工具是一种双量程的电流表（接入不同的接线柱，量程分别为 0~3A，0~0.6A）。使用时，电流表要串联在电路中，确保电流从正接线柱流入电流表，负接线柱流出电流表，且被测电流不能超过电流表的最大量程，否则不仅测不出电流值，还会打弯指针甚至烧坏电表。

电压

电压是电路中自由电荷定向移动形成电流的原因，也叫电势差或电位差。“电势差”和“电位差”的叫法普遍用于电现象的分析中，“电压”的叫法则常用于电路分析中。电路中的电流与水的流动类似：水的流动需要水压，电流的流动需要电压，电路中提供电压的装置就是电源，类似于产生水压的抽水机一样。干电池、铅蓄电池、锂电池都是直流电路中的电源。

物理游戏屋

你知道水果也能制成电池吗？如果你把一个锌片和一个铜片插进橙子中，用两根导线的一端连接两个金属片，另一端放在舌头的上、下面，你的舌头会感到有点麻木和酸味，这是“橙子电池”起作用了！不想舌头发麻的话，也可用电表代为测试。如果一个水果电池威力不够，试试多串联几个，毕竟做完实验还可以吃掉！

用柠檬或其他水果也可以哦

电路中获得持续电流的条件是：电路中有电源（或电路两端有电压 U），且电路是连通的。电压的国际制单位是伏特（V），常用单位有千伏（kV）、毫伏（mV）、微伏（μV）等，1kV=1000V，1V=1000mV=10^6μV。一节干电池两端的电压是 1.5V，一节蓄电池两端的电压是 2V，家庭电路的交流电压是 220V，工厂动力电路的交流电压是 380V。

中学物理测量电压的工具是一种双量程的电压表（接入不同接线柱，量程分别是 0~3V，0~15V）。使用时电压表要并联在测量的用电器上，电流同样从正接线柱流入电压表，负接线柱流出电压表，且被测电压不能超过电压表最大量程。

不当用电会带来危险，你知道对人体的安全电压是多少吗？中学物理教科书提到，36V 及以下是对人体的安全电压，其实这只是通常的情况，指一般环境下允许持续接触的安全电压不得超过 36V。实际情况中，安全电压数值应考虑多种因素综合确定，电压超过安全数值时，必须采取保护措施防止直接接触带电体。世界各国的安全规定有所不同，中国规定特别危险环境中的手持电动工具采用 42V 电压标准，有电击危险环境中使用的手持照明灯采用 36V 或 24V 电压标准，金属容器内、高度潮湿环境中使用的手持照明灯采用 12V 电压标准，水下作业等环境需采用 6V 电压标准。

电阻

你可能听说过物体可分为导体、绝缘体和半导体，这种分类方式是从物体的哪个性质加以区别的呢？

自从人们开始研究电，就实验了各种材料在电路中对电流的影响，一个直观的结论是不同材料的物体导电性能不同。导电性能好的材料称为导体，导电性能差或不导电的材料称为绝缘体，导电性能介于导体和绝缘体之间的材料称为半导体。为准确表示材料导电性能高低，物理学家提出了电阻和电阻率的概念。

知识卡片

所有导体在电路中对电流都有阻碍作用，这种作用的大小用电阻（R）来表示，国际制单位是欧姆（Ω），简称欧，常用单位千欧（kΩ）、兆欧（MΩ）等。电阻的倒数 1/R 称为电导，国际制单位是西门子（S），简称西。导体电阻越大，其对电流的阻碍作用越大。

电阻是导体本身的一种性质，是描述导体导电性能的物理量，其数值大小取决于导体的材料、长度、横截面积，此外还与温度有关。电阻大小可表示为 $R=\rho\frac{l}{S}$。其中 ρ 为导体电阻率，是描述导体导电性能的参数，不同材料 ρ 不同。l 为导体长度，S 为导体横截面积。

金属电阻率较小，是制作导线的好材料。在常见金属导体中，导电性能最好的是银，考虑其经济价值，一般不用银制作导线，而使用导电性能较好的铜、铝。导体和绝缘体间没有绝对界限，随着条件改变，绝缘体导电能力也可能增强，甚至变成导体，比如潮湿的木材或加热到红热的玻璃。

常温下部分导体电阻

导体	电阻 /Ω
手电筒灯泡灯丝	1~20
家用白炽灯灯丝	100~10000
实验室铜线	<0.1
电流表内阻	<1
电压表内阻	1000~100000
人体（干燥环境）	2000
人体（出汗时）	1000

电阻与温度也有关，那么想让电阻变小，温度应该升高还是降低呢？答案是降低。科学家们研究发现，某些导体在温度很低的环境中，如汞冷却到 -268.98℃以下，电阻变成了零，即出现低温超导现象。具有这种性能的材料叫作超导材料，超导材料电阻变成零时的温度叫作超导临界温度。目前必须在液态氦冷却环境下运用超导体。科学家们正在努力提高超导临界温度并寻找适用的超导材料，如果能把超导现象应用于常温环境，世界很可能将改变模样。目前中国关于超导技术的各项研发均已步入正轨，部分领域的研发属国际先进水平。

“好冷呀！冷到浮起来了！”

电阻可以分为定值电阻和可变电阻（变阻器）。变阻器在电路研究中用途广泛，可以通过改变自身电阻来改变电路中的电流。常用的变阻器有两类：滑动变阻器和电阻箱。滑动变阻器变阻原理是通过改变接入电路中的电阻丝长度来改变电阻，实际电路中人们常用体积较小的电位器代替滑动变阻器。滑动变阻器的优点是能够连续地改变接入电路的电阻，缺点是不能读出接入电路的阻值。电阻箱刚好相反，优点是能读出接入电路的阻值，缺点是不能连续地改变接入电路的电阻。

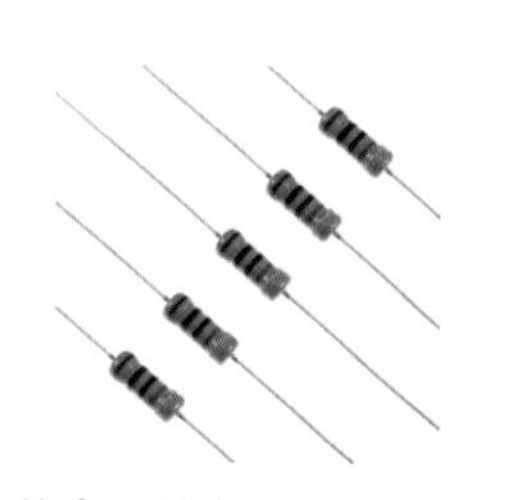

定值电阻的色环代表电阻值

一种电位器，上面的部分是不是很眼熟？

电路中的重要规律
——欧姆定律与焦耳定律

欧姆定律

将电阻的单位定为“欧姆”，是英国科学促进会在 1864 年为了纪念德国物理学家欧姆而制定的。那时欧姆去世已有十年，距欧姆得出他的定律也有近四十年了。欧姆定律刚发表时，并没有被科学界接受，连柏林学会也没有注意到它的重要性，欧姆本人甚至还受到一些人的讽刺与诋毁。但科学是公正的，1831 年，英国科学家波利特在实验中多次引用欧姆定律，最后得出准确的结果。他将此事撰写成文并发表，欧姆定律从此开始受到人们的重视。此后，物理学家纷纷把欧姆定律运用到电学、磁学的实验和研究中，欧姆定律便普及开来。

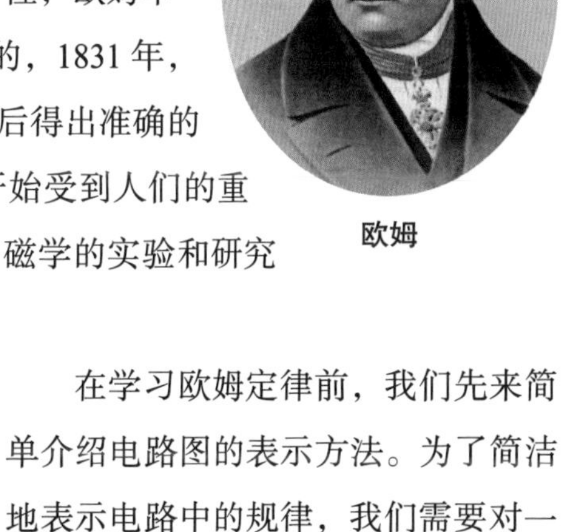

欧姆

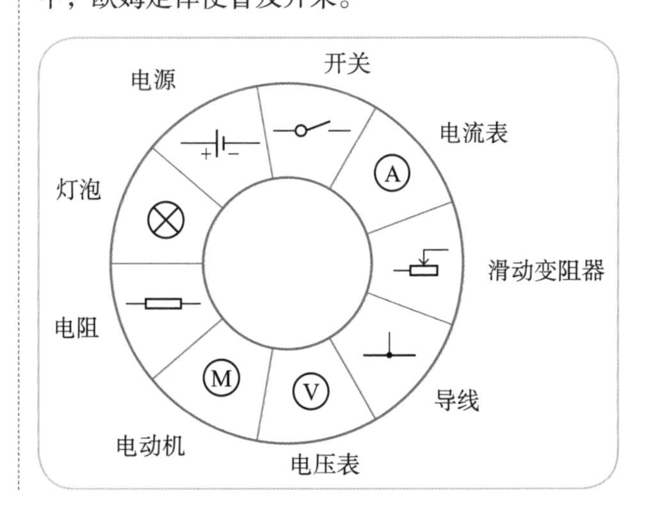

在学习欧姆定律前，我们先来简单介绍电路图的表示方法。为了简洁地表示电路中的规律，我们需要对一些电学物理量和常用元件符号的表达做出约定。请同学们记住这些中学阶段常用的元件及符号。这些国际通用的符号简捷直观，能够提高电学研究的沟通效率。

用元件符号代表元件连成的图是

电路图，既可以突出元件的连接关系，也可以清楚地表达设计人员的思想。了解了这些基础的表示方法，我们就可以开始学习欧姆定律了。

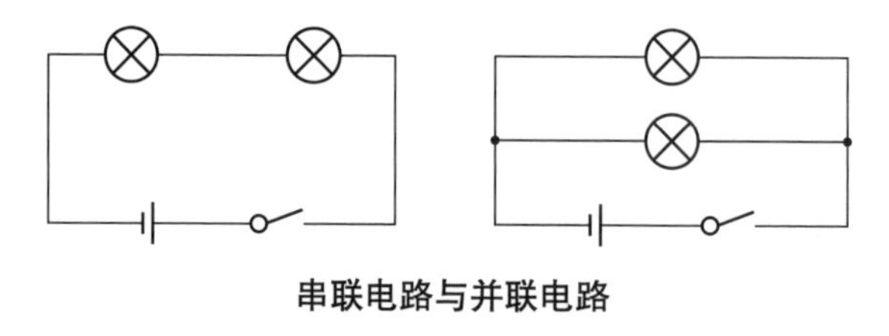

串联电路与并联电路

知识卡片

欧姆定律包括部分电路欧姆定律和闭合电路欧姆定律。部分电路指的是一段电阻电路，是不包括电源的外电路或外电路的一部分。部分电路欧姆定律的内容是：流过导体的电流强度与这段导体两端电压成正比，与这段导体的电阻成反比，表达式为 $I=\frac{U}{R}$。闭合电路对应部分电路，也称全电路，包含电源，由内、外电路两部分组成，电荷沿闭合电路绕行一周可回到原位置。闭合电路（全电路）欧姆定律的内容是：闭合电路电流与电源电动势成正比，与内、外电路电阻之和成反比，表达式为 $I=\frac{E}{R+r}$。

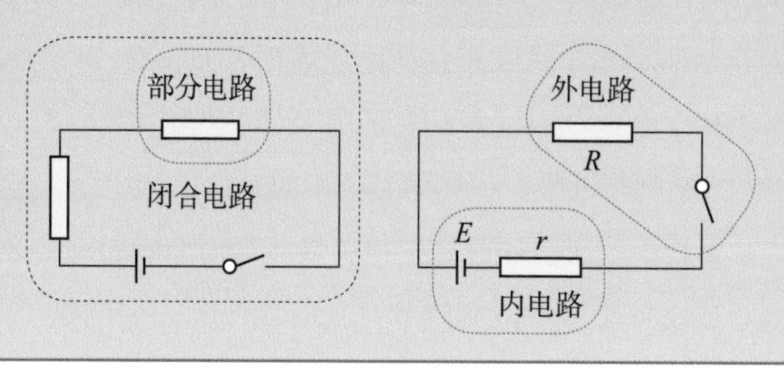

电动势反映电源把其他形式的能转换成电能的本领，常用 E 表示，单位是伏特（V）。电动势使电源两端产生电压。闭合电路欧姆定律指出，电源的电动势等于内外电压之和。

前面我们提到国家规定的安全电压上限值都在 50V 以下。你知道这一限值是怎么得出来的吗？假如人体允许的极限交流电流是 30mA，人体电阻平均值是 1700Ω，用欧姆定律算一算，交流安全电压上限值是多少？

再来分析一个实例。我们在户外马路上或者田野中，经常可以看到成群的小鸟停落在几万伏的高压电线上，它们不仅不会触电，而且一个个显得悠闲自在，飞起又飞落，依然安然无恙。这是为什么呢？原因是高压输电的电压是两根电线之间的电压，而不是小鸟双爪之间的电压。小鸟的身体较小，它只接触了一根电线，双爪之间的电线电阻几乎为零，根据欧姆定律可知，小鸟双爪之间的电压也几乎为零，小鸟身体上没有电流通过，所以它们不会触电。这与电业工人在高压线上带电作业不同时接触两根电线的道理是一样的。但是，如果蛇爬到电线上就危险了。蛇的身体较长，当它爬到高压线上后，身体把两根电线连接起来，会瞬间毙命。钻进配电房的老鼠常常会触电死亡同理。

“喂，别慌，只踩一根线没事的！”

中学阶段研究欧姆定律一般使用伏安法。伏安法是一种较为普遍的测量电阻的方法，通过利用欧姆定律变形式 $R=U/I$ 来测量电阻值，因用电压除以电流所以叫伏安法。伏安法分为电流表内接法和电流表外接法，为了测量的准确性，在测量较大阻值的电阻时采用内接法，而测量较小阻值的电阻时采用外接法。

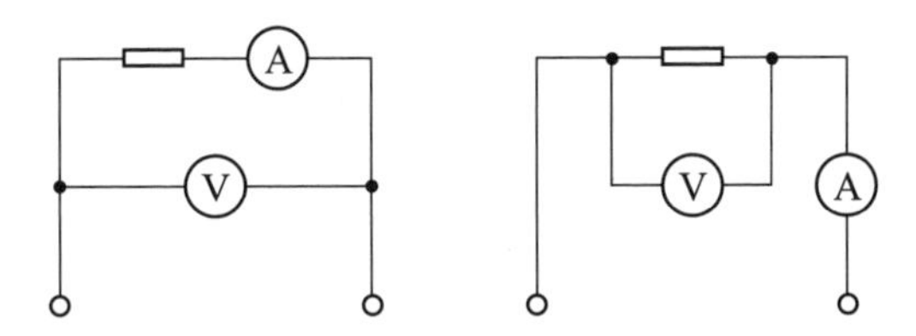

伏安法测电阻的电流表内接和外接

通过伏安法和其他方法，人们研究了很多电阻。对于任一电阻，以其两端电压为横轴，以对应的通过导体的电流为纵轴，可以做出电流与电压的关系图像，称作电阻的伏安特性。不同的元件伏安特性不同，比如金属导体的伏安特性图像是倾斜的直线，因此金属导体称为线性元件或欧姆元件；而半导体的伏安特性图像是曲线，因此半导体称为非线性元件。

焦耳定律

很多同学喜欢看电视，而家长有时候又不让，怎么办呢？于是有的同学与家长玩起了“捉迷藏”的游戏，家长一出家门就打开电视，家长回家时，一听到开门声就关掉电视。但是有的家长比较“聪明”，轻易就能发现孩子是否看了电视。他们是怎么做到的？其实，家长回家摸一摸电视后盖有没有发热就知道了。从物理学角度解释就是，电流流过任何用电器都会产生热效应。焦耳定律对电流热效应进行了定量说明。

视力健康很宝贵，看电子屏幕要适度哦

电热器是利用电流的热效应来加热的设备，电饭锅、电烙铁、电热毯、电炉、电熨斗、电暖气等都是常见的电热器。想一想，使用电炉时，为什么电炉丝热得发红，而导线却几乎不发热呢？

知识卡片

电流通过导体所产生的热量和导体的电阻成正比，和通过导体的电流的平方成正比，和通电时间成正比。该定律是英国科学家焦耳首先发现的，因此叫焦耳定律。焦耳定律可用公式表示为 $Q=I^2Rt$，其中 Q 表示热量，单位是焦耳（J）。

焦耳定律是一个实验定律，它对任何导体、所有的电路都适用。1841 年，24 岁的焦耳开始对通电导体放热的问题进行深入的研究。他把父亲的一间房子改成实验室，一有空便钻到实验室里忙个不停。焦耳先把电阻丝盘绕在玻璃管上，做成电热器，然后把电热器放入玻璃瓶中，瓶中装有已知质量的水。他给电热器通电并开始计时，用鸟羽毛轻轻搅动水，使水温度均匀。从插在水中的温度计，可随时观察到水温的变化，同时用电流计测出电流的大小。焦耳做了 400 多次实验，精准地确定了电流产生的热量与电阻、电流大小和通电时间的定量关系，得到现在的焦耳定律。焦耳把这一实验规律写成论文，并于 1841 年发表在英国的《哲学杂志》上。然而，由于当时焦耳只是一个经商的酿酒师，又没有大学文凭，他的论文并没有引起学术界的重视。一年后，俄国彼得堡科学院院士楞次也做了电与热的实验，并得到与焦耳完全一致的结果，焦耳的论文才受到重视。后来人们把这个定律叫作焦耳定律，也叫焦耳 - 楞次定律。

老师说

如今，如果你想对焦耳定律的内容做探究，是很容易实现的，因为已经有专门的实验仪器了。特别指出，焦耳定律的探究方法是“控制变量法”，主要的探究关系为：控制电流和电阻相同，研究电热与通电时间的关系；控制通电时间和电阻不变，改变电流的大小，研究电热与电流的关系；控制通电时间和电流不变，改变电阻大小，研究电热与电阻的关系。控制变量法通过对已知量的了解来减少对未知量估计的误差，是科学研究和实验推理中一种十分重要的方法，将来你做实验研究时还会用到呢！

了解了焦耳定律，就可以解释为什么电炉丝热得发红，而导线却几乎不发热了。导线和电炉丝串联，电流相同。由于电炉丝的主要组成部分是发热体，发热体是由电阻率大、熔点高的电阻丝绕在绝缘材料上制成，电阻比导线电阻大很多。因此根据焦耳定律，同样时间内电炉丝产生的热量要比导线多很多。所以，电炉丝热得发红，而导线却几乎不发热。日常生活和生产都要用到电热，电热水器、养鸡场电热孵化器都是例子。但是，很多情况下我们并不希望用电器温度过高。电视机、显示器后盖有很多小孔，就是为了通风散热；电脑运行时 CPU 温度升高，还需要利用风扇及时散热。

电能消耗的过程就是电流做功的过程，是电能转化为其他形式能的过程。电流做的功等于这段电路两端的电压 U、电路中的电流 I 和通电时间 t 三者的乘积，公式表示为 $W=UIt$。电功与电热的关系是 $W \geqslant Q$。电炉电路和含电动机的电路中，电能转化时的情况并不相同。电炉电路把电能全部转化为内能，全部用来发热，这种电路称为纯电阻电路。含电动机的电路中，电能主要转化为电动机转动的机械能，少部分电能转化为电动机的内能，这种电路称为非纯电阻电路。对于纯电阻电路，$UIt=I^2Rt$，即 $U=IR$；而对于非纯电阻电路，$UIt>I^2Rt$，即 $U>IR$。

所以从电功与电热的关系上可以看出，欧姆定律适用于纯电阻电路，对于非纯电阻电路不成立。现实生活中绝大多数用电器电路都是非纯电阻电路，只要想象一下相反的情况就能明白原因：比如在炎热的夏天，我们需要凉爽的风降温，这时打开电风扇，发现电风扇只是对我们发热，那将是怎样的一番情景啊！

来自科学家的启示

欧姆定律和焦耳定律都是电路中重要的基础定律，发现过程十分艰辛，而且在发现之初人们并不重视。欧姆发现欧姆定律的研究工作长达 10 年 (1817~1827 年)，是在他从事中学数学和物理教学的业余时间完成的。当时电流的测量还是尚未解决的技术难题，欧姆曾想利用电流的热效应结合导体的热胀冷缩来测量电流。但实验发现这种方法很难取得精确的结果。后来他经过不断探索，巧妙地利用电流的磁效应和库仑扭秤相结合，创造性地设计了一个电流扭秤，用它来测量电流，才得出了比较理想的结果，最终建立了欧姆定律。

焦耳虽出生在富有的酿酒师家庭，但从小子承父业，并没有接受过系统的教育。一次偶然的机会，他认识了英国著名化学家“原子之父”道尔顿。从小失学的道尔顿是一名自学成才的化学家，他经过自学，先后当上了小学老师、中学老师、大学老师。这样的人生经历给焦耳很大的启发，于是焦耳追随着道尔顿，走上了用实验研究科学的道路。除了大家熟知的焦耳定律，他还发现了热和功之间的转换关系，并由此得到能量守恒定律，最终发展出热力学第一定律。国际单位制的导出单位中，能量的单位——焦耳，就是以他的名字命名。欧姆和焦耳两位科学家坚持不懈的探索精神值得我们学习，希望同学们在学习过程中也能养成这种对知识不断追求，不断探索，持之以恒的好习惯。

焦耳

奥斯特实验与电流的磁效应
——电与磁的内在联系（上）

人们很早就发现电现象与磁现象有很多相似之处，而且一些事实也表明电和磁之间有一些“神秘”的联系：1681 年 7 月，一艘航行在大西洋的商船遭到雷击，船上的三个罗盘全部失灵——两个磁性消失，另一个指针的南北指向颠倒。1731 年 7 月，一次雷击发生后，英国的一名商人发现雷电使他的钢制餐具有了磁性。1751 年，美国物理学家富兰克林发现莱顿瓶（一种储电装置）放电后，附近的钢针被磁化了……

当时也有人不相信这种联系，比如库仑虽然发现电力与磁力都与距离平方成反比，但他认为电和磁之间没有关系，也不可能互相转换。不过，相信这个观点的人也很多，寻找电磁之间的内在联系成为很多科学家的研究课题。在 19 世纪初期，研究终于有了进展，标志性事件就是著名的奥斯特实验。

1820 年 4 月的一个晚上，丹麦物理学家奥斯特在哥本哈根上课。在演示一个电学实验时，他无意中发现有个小磁针在通电的导线靠近时摆了一下。由于磁针的摆动不大明显，在场的学生并没有在意，奥斯特却大喜过望。据说他当时高兴得竟在讲台上摔了一跤，因为他知道这正是他多年来苦苦追寻的能够证明电流可以产生磁场的现象。

之后奥斯特紧紧抓住这个现象，接连进行了三个月的深入研究，反复做了几十次实验，最终证明在通电导线附近会产生环形磁场，即电生磁的现象。他把实验成果写成题为《关于电流对磁针作用的实验》的论文，发表在法国的《化学与物理学年鉴》上，仅用了 4 页纸，没有任何数学公式，也没有示意图，但却以简练的文字向全世界宣告：人类第一次找到了电

奥斯特

和磁的转换关系！

奥斯特的研究成果引起科学界轰动。曾经当过物理教师的法国著名生物学家、《昆虫记》的作者法布尔有句名言："机会总是留给有准备的人。"这一发现貌似偶然，仔细想来，对已投身寻找电磁间联系 13 年的奥斯特来说，也许是个必然。

知识卡片

奥斯特实验演示了电流的磁效应，表明通电导线周围存在磁场，磁场方向与电流方向有关。磁场强弱及方向特征用磁感应强度（B）来反映，磁感应强度由磁场本身决定，单位是特斯拉，简称特（T）。磁感应强度是矢量，其方向即磁场方向，与放在该点的小磁针 N 极受到的磁力方向一致。

电流的磁效应的典型应用实例是电磁铁和电磁继电器。

将通电导线密绕成螺旋状，并在中空部分插入合适的铁芯就组成了电磁铁。在通电螺线管内部插入的铁芯会被通电螺线管的磁场磁化，磁化后的铁芯也变成了一个磁体，这样由于两个磁场互相叠加，从而使磁性大大增强。电磁铁断电时没有磁性，通电时有磁性，磁性的强弱与电流大小、线圈匝数等因素有关。与永久性磁铁相比，电磁铁具有磁极可以通过电流方向控制、磁性有无可以通过电流有无控制、磁性强弱可以通过电流大小控制等优点，因此应用广泛。比如电磁起重机，是用来搬运钢铁材料的装置，利用电磁铁产生的强大磁场力，可将成吨的各种铁料（铁片、铁丝、铁钉、废铁等）免捆扎收集搬运，大大简化了炼钢车间和废钢铁回收中的工作。

实际应用中，人们还利用电磁铁做出电磁继电器。电磁继电器是实现自动控制不可或缺的电学元件之一，主要由两个独立电路（通常是低压控制电路和高压工作电路）组成。低压控制电路，即电磁铁电路主要包含电磁铁和一些传感器元件。当把继电器接入实际电路中，某些条件会触发电磁铁电路的通断，即控制磁性有无，这会引起触点移动，进而控制高压工作电路的通断。直接控制或操作高电压、强电流电路是很危险的，而电磁继电器很好地解决了这一问题，帮助轻松实现"低压控高压、弱电控强电"，个头虽小，作用却很大呢！

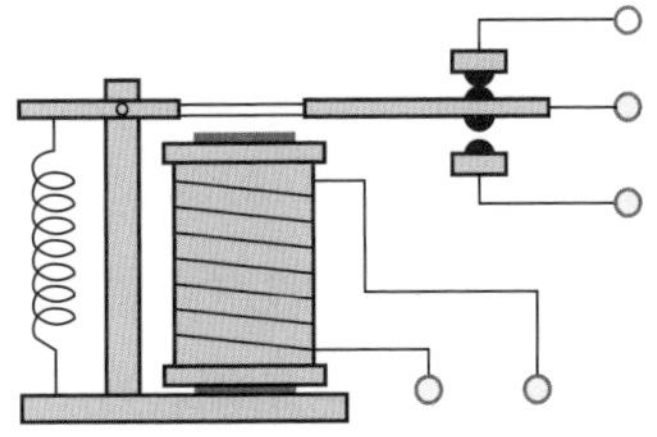

安培力与洛伦兹力
——磁场中的作用力

磁体间的吸引或排斥是通过磁场发生作用的，既然奥斯特实验表明电流周围存在磁场，那么电流和磁场、电流和电流之间必然也会发生相互作用。人们利用磁场对电流的作用，制成用电驱动、能连续转动的装置，那就是电动机。

知识卡片

磁场对电流的作用力叫作安培力，由法国物理学家安培首先通过实验确定，因而得名。磁场的强弱用磁感应强度 B（简称磁感强度）表示。长为 l 的直导线通有电流 I 时，在方向垂直于导线的磁场中受到的安培力为 $F=BIl$；如果磁场与电流平行，电流不受安培力。一般地，安培力的表达式为 $F=BIl\sin\theta$，式中 θ 是磁场与电流之间的夹角，$B\sin\theta$ 可以理解为是垂直于导线的磁感应强度分量。

科学史上，最早的电动机雏形是法拉第 1821 年制作的电磁旋转器，是一种在水银杯中由固定的磁铁（或固定的导线）围绕固定的通电导线（或固定的磁铁）连续旋转的装置。1828 年，物理学家阿尼斯 · 杰德里克发明了世界上第一台实用的电动机。这台包含了 3 个主要组成部分（定子、转子和换向器）的自激式电磁转子旋转直流电动机，采用了水银槽换向器、由永久磁铁产生的固定磁场和旋转绕组。这台电动机后来存放在布达佩斯应用艺术博物馆，至今仍能运转。1873 年，比利时人格拉姆发明大功率电动机，从此电动机开始大规模应用于工业生产。现在，从个人计算机磁盘里的小功率电动机到工厂车床、高铁动车使用的大功率电动机，各式各样的电动机在我们日常生活中发挥着不可替代的作用。不论什么类型的电动机，都离不开“磁场对电流有作用力”这一基本原理。

为什么磁场对通电导线有作用力呢？电流是电荷的定向运动形成的，因此，安培力本质上是每个运动电荷受到的磁场力的宏观表现。

知识卡片

运动电荷在磁场中受到的作用力叫作洛伦兹力，因荷兰物理学家亨德里克·洛伦兹首先提出而得名。由安培力和电流微观上的表达式可以推得洛伦兹力 $f=qvB\sin\theta$，式中 θ 是 v 和 B 的夹角。如果运动电荷的速度与磁场方向垂直，洛伦兹力 $f=qvB$；如果运动电荷的速度与磁场方向平行，则其不受洛伦兹力作用。

从理论上分析，垂直进入磁场的运动电荷仅在洛伦兹力作用下将做匀速圆周运动，并且根据牛顿第二定律可以得出其半径和周期（$qvB=mv^2/r$，$T=2\pi r/v$）。

在地球高纬度地区的室外有时可以看到洛伦兹力的作用效应——极光。我们知道，地球是一个巨大的磁体，地球磁场能阻挡宇宙射线（主要来自太阳），保护着地球不被射线中的高能粒子直接轰击，靠的就是洛伦兹力！绚丽多彩的极光是来自太阳的高能带电粒子流（太阳风）使大气层中的分子或原子激发（或电离）而产生的。极光多发生在地球南北两极附近地区的高空，是因为地磁场产生的洛伦兹力对带电粒子的运动起了导向作用。实际上，极光产生的条件有三个——高能带电粒子、大气环境和磁场，三者缺一不可。

如何由磁生电？

——电与磁的内在联系（下）

前面我们讲过，电与磁之间是有联系的，电能生磁，那么磁能否生电呢？这在奥斯特实验之后便成为一个诱人的问题。1821 年电磁旋转器实验的成功，大大鼓舞了法拉第研究这一问题的信心。因为法拉第确信客观事物本身的结构应该是对称的，而且还有一个更为重要的原因：当时人们获得电流主要依靠伏打电池，可是伏打电池造价昂贵且电力不足，如果能制造出新的产生电流的装置就太好了。为此，法拉第坚持了十年的实验研究，终于获得回报。1831 年 11 月底法拉第写了一篇论文，向英国皇家学会报告实验结果，概括了产生电流的五种情况：变化的电流；变化的磁场；运动的稳恒电流；运动的磁铁；在磁场中运动的导体。法拉第把上述现象称为“电磁感应”，产生的电流叫作感应电流。

知识卡片

穿过某一面积 S 的磁感线条数的多少用磁通量 Φ 表示，匀强磁场中 $\Phi=BS_{\perp}$，单位是韦伯（Wb）。对于同一个平面，当它跟磁场方向垂直时，穿过它的磁感线条数最多，磁通量最大；当它跟磁场方向平行时（$S_{\perp}=0$），没有磁感线穿过它，磁通量为零。只要穿过闭合电路的磁通量发生变化，闭合电路中就有感应电流产生。当穿过电路的磁通量发生变化但电路不闭合时，电路中有感应电动势，但没有感应电流。

我们现在把磁生电（电磁感应）的条件描述得十分简洁，是因为用了“磁通量”这一概念。请注意磁通量的物理意义表示的是磁感线条数的多少，磁感线条数是否变化是我们判断是否产生电磁感应现象的根本依据。如果线圈在匀强磁场中上下或左右平移，磁通量不变，因此不产生感应电流。但是如果线圈面积放大或缩小，使磁通量发生了变化，便会产生感应电流。

磁生电的重要应用非发电机莫属。法拉第发现了电磁感应现象之后不久，就利用电磁感应发明了世界上第一台发电机——法拉第圆盘发电机。将一个铜圆盘放置在蹄形磁铁的磁场中，圆盘的边缘和圆心处（固定有摇柄）各与一个铜电刷紧贴，用导线把电刷与电流表连接起来，当转动摇柄使铜圆盘旋转起来时，电流表的指针发生偏转，这说明电路中产生了持续的电流。

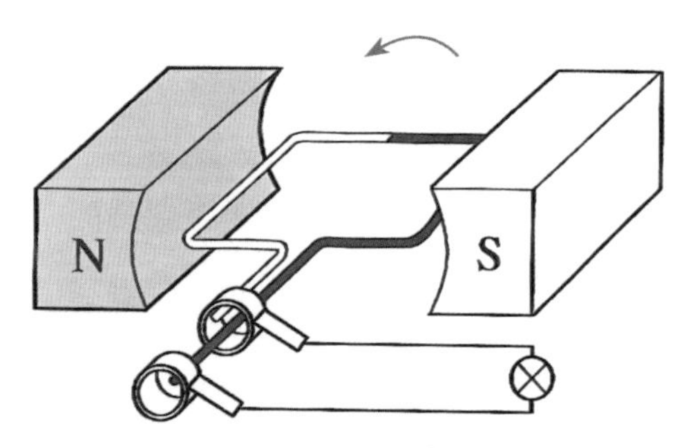

发电机原理示意图

发电机是把机械能转化为电能的装置，在日常生活和生产中使用广泛。发电机的分类很多，比如按发电种类可以分为直流发电机和交流发电机。不论何种发电机，其工作原理都基于电磁感应现象中的物理规律。

电磁感应现象的发现具有划时代的意义，不仅进一步揭示了电与磁的本质联系，还找到了机械能与电能之间的转化方法。在实践上，开创了电气化时代的新纪元；在理论上，为建立电磁场理论体系打下了重要的基础。

法拉第的少年科学讲座挤满了听众

楞次定律与法拉第电磁感应定律
——电磁感应的规律

磁生电作为划时代的发现，给人类开启了一扇新的窗户，一时间世界各地的物理学家们纷纷投入到电磁感应的研究中，渴望在这片新开垦的土地上能开花结果。19 世纪欧洲科学界风起云涌，在法拉第、安培、楞次、麦克斯韦、赫兹等一大批科学家的共同努力下，对电磁感应规律的探索越发深入。

电磁感应中最基本的规律是描述感应电流方向的规律——楞次定律，以及描述感应电动势大小的规律——法拉第电磁感应定律。

楞次定律

1834 年，俄国物理学家海因里希 · 楞次概括了大量实验事实，总结出描述感应电流方向的规律。

楞次

知识卡片

楞次定律的内容是：感应电流具有这样的方向，即感应电流的磁场总要阻碍引起感应电流的磁通量的变化。

楞次定律描述的感应电流的方向规律，是能量守恒定律的必然结果。“感应电流的磁场阻碍引起感应电流的原磁场磁通量的变化”可以理解为：为了维持原磁场磁通量的变化，就必须有动力作用，这种动力克服感应电流的磁场的阻碍作用做功，将其他形式的能转变为感应电流的电能，所以楞次定律中的阻碍过程实质上就是能量转化的过程。

楞次定律的核心是“阻碍”两字,“阻碍”不是“阻止”，而是“反抗”的意思。这一点可以从楞次定律的一种英文表述中体现出来：The direction of an induced current is such as to oppose the cause producing it. 翻译过来就是，感生电流的方向使得感生电流反抗产生它的原因。

楞次定律根据原磁通量的变化可简单表述为“增反减同”，即当原磁通量增大时，感应磁场的方向与原磁场方向相反；当原磁通量减小时，感应磁场的方向与原磁场方向相同。从运动效果上可以表述为“来拒去留”。如果在可转动横梁两端各有一个闭合金属环和不闭合金属环，当磁铁靠近闭合金属环时，环会“躲闪”导致横梁转动；当磁铁要远离金属环时，环会“挽留”磁铁的远离，跟着磁铁运动起来。而磁铁靠近或远离不闭合金属环时却没有这样的效果，因为不闭合环无法产生感应电流。对于闭合金属环的表现，无论其远离还是靠近磁铁，都是楞次定律中阻碍效果的体现，即“来拒去留”。这也很像“敌进我退、敌退我追”，又如唐代诗人李商隐笔下的“相见时难别亦难”，原来圆环和磁铁间也有“真爱”。

法拉第电磁感应定律

感应电流方向的规律可以用楞次定律来描述，那么感应电流的大小又遵循什么规律呢？根据欧姆定律，感应电流的大小可由感应电动势的大小和电路中的电阻计算而来，不同的电路电阻不同，但感应电动势都遵守一个共同的规律——法拉第电磁感应定律。我们知道，感应电动势指的是在电磁感应现象中产生的电动势，而电磁感应现象发生的根本在于磁通量的变化。法拉第通过大量实验发现，感应电动势的大小与磁通量的变化率成正比，与回路电阻大小无关。1845年纽曼等人根据法拉第的实验研究成果给出了数学表达式。基于法拉第揭示电磁感应现象的巨大贡献，人们仍以法拉第的名字命名这条定律。

知识卡片

法拉第电磁感应定律：电路中感应电动势的大小与穿过这一电路的磁通量的变化率成正比。若感应电动势用 E 表示，则 $E=k\Delta\Phi/\Delta t$。在国际单位制下，磁通量的单位取韦伯（Wb），时间单位取秒（s），感应电动势单位取伏特（V），则 k 值为 1，感应电动势大小可以表示为 $E=\Delta\Phi/\Delta t$。若闭合电路是一个 N 匝的线圈，则感应电动势大小为 $E=N\Delta\Phi/\Delta t$。

有一种常见的产生感应电动势的情况——闭合电路的一部分导体切割磁感线，这种情况下法拉第电磁感应定律可以表达为更为直观的形式。导轨上的导体棒以速度 v 运动（“×”表示磁场方向垂直纸面向里），导体棒的切割长度为 L，此时闭合回路 $\Delta\Phi=B\Delta S=BLv\Delta t$，于是 $E=\Delta\Phi/\Delta t=BLv$。当导体运动速度的方向与磁场方向有一夹角 θ 时，我们可以将速度分解为垂直和平行于磁场方向的两个分量，平行的分量不产生感应电动势，垂直分量为 $v\sin\theta$，产生的感应电动势为 $E=BLv\sin\theta$。生活中使用的交流电的基本表达式就是用这个式子推导出来的。

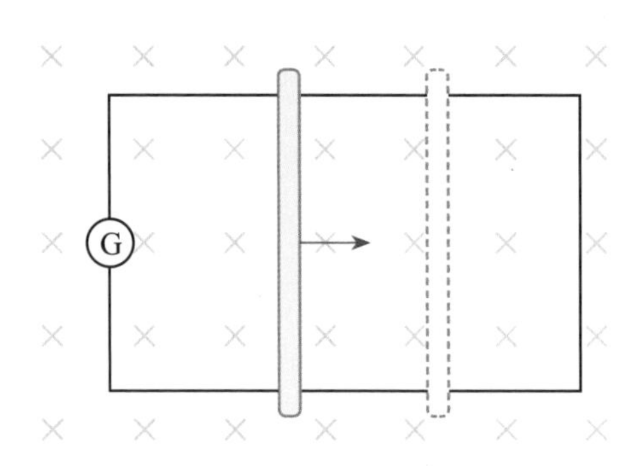

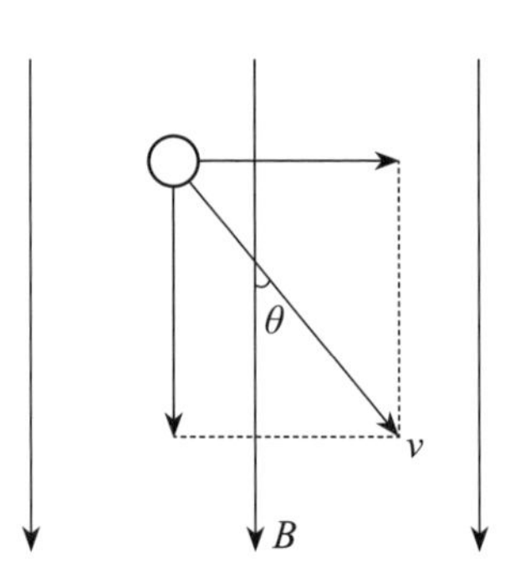

涡流、电磁驱动与电磁阻尼
——电磁感应的应用

涡流

出于安全原因，现在乘坐飞机、火车、地铁等公共交通工具需要进行安全检查，一般使用安检门或手持安检器。同学们有没有想过，安检门、安检器的工作原理是什么？

知识卡片

当金属导体处在变化着的磁场中或金属与磁场有相对运动时，由于电磁感应的作用，在整块金属导体内会产生感应电动势，进而产生感应电流。这种电流在导体中的分布随导体表面形状和磁通分布变化而变化，其路径往往类似于水中的旋涡，因此称为涡（电）流，由法国物理学家莱昂·傅科于 1851 年发现，又称傅科电流。

涡流的应用主要体现在两个方面，第一个方面是利用涡流的磁效应。安检门和手持安检器都属于金属探测器，其基本原理是当探测线圈靠近金属物体时，由于电磁感应现象，金属导体中产生涡流。探测器捕捉到涡流的磁场，并将其转换成声音信号，根据声音的有无，就可以判定探测线圈下面是否有金属物体了。战场上使用的便携式探雷器依据的也是这个原理。

第二个方面是利用涡流的热效应。根据焦耳定律 $Q=I^2Rt$，电流通过导体产生的热量主要取决于电流和电阻的大小。在涡流的应用中，变化的磁场通常由交变电流产生，交流电的频率越高，产生的交变磁场的频率就越高，感应电流（即涡流）越大，典型应用如电磁炉加热食物。电磁炉是新型电子炊具，因省电节能、效率高、无明火、使用方便、加热均匀等优点广受青睐。但是，并不是所有材料制成的锅都适合在电磁炉上使用，为什么呢？先来看看电磁炉的构造和原理吧。

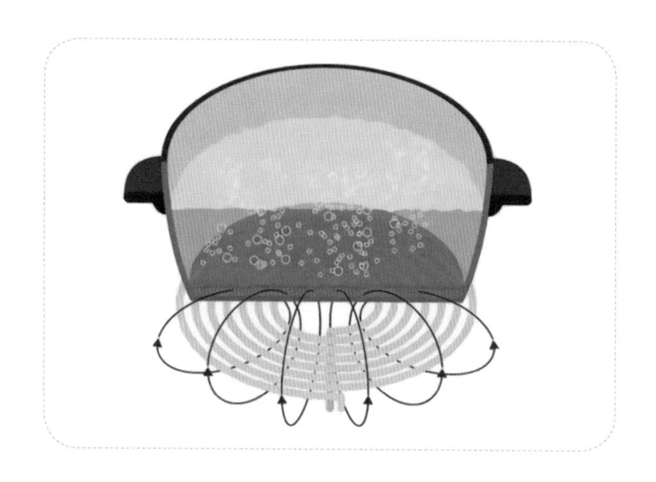

电磁炉的炉面是一块高强度的耐热陶瓷板或结晶玻璃板，炉面下是空心螺旋状的高频感应加热线圈（铜质平线盘），加热线圈下是整流变频电路及相应的控制系统。电磁炉的工作过程是这样的：输入电流经过整流器被转换为直流电，再经高频电力转换装置使直流电变为 2 万 ~3 万赫兹的高频交流电。将高频交流电加在螺旋状的感应加热线圈上，由此产生高频交变磁场，磁场的磁感线穿透炉面作用于金属锅，锅体因电磁感应产生强大的涡流，涡流克服锅体电阻流动时电能转化为热能，成为烹饪食物的热源。

电磁炉工作时感应线圈几乎不发热，所以空载电磁炉（即炉面上没放锅）的炉面温度与室温相同。用于电磁炉的平底锅材质通常为铁或钢，原因是这类材质含磁性分子（铁、钴、镍及其氧化物分子），在受到高温加热时，其加热负载和感应涡流能够相匹配，具备比较高的能量转换率，磁场外泄也很少。其他材质的锅就不适合在电磁炉上使用了，不仅是陶瓷类、玻璃类的绝缘体制成的锅不适合，就连铜、铝等导体制成的锅也不适合。

涡流的热效应在工业上也有应用。感应电炉利用涡流的热效应来熔化金属，是现代工业中对金属材料加热效率最高、速度最快且低耗环保的加热设备。高频焊接机无需易燃易爆气体，由高频磁场作用在金属物体上产生涡流效应，利用金属物体固有电阻生成热量，可瞬间熔化任何金属物体，将目标工件焊接在一起。

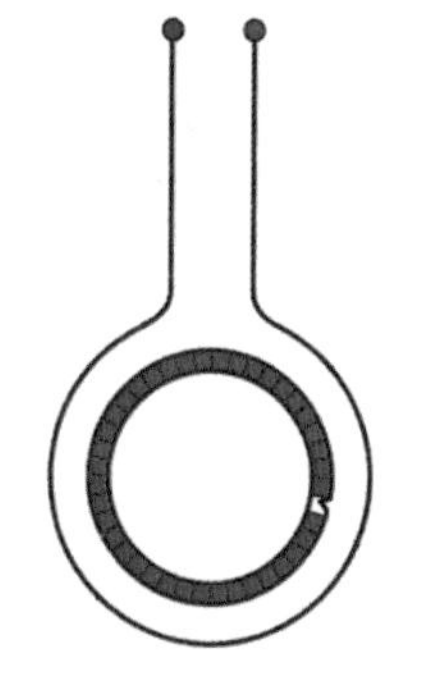

高频焊接示意图与实物图，外侧为线圈导线，接高频电源，内侧为待焊接工件，缺口为焊接处

电磁阻尼与电磁驱动

导体与磁场发生相对运动时，在导体中会产生感应电流，感应电流受到的安培力总是阻碍它们的相对运动。利用安培力阻碍导体与磁场间相对运动称为电磁阻尼。当磁场以某种方式运动时，导体中的安培力为阻碍导体与磁场间的相对运动，而使导体跟着磁场运动起来，这称为电磁驱动。电磁阻尼和电磁驱动都可以用楞次定律来解释，它们是来拒去留的具体表现。

在电磁阻尼摆实验中，一开始在最低处先不加磁铁，拉起铝片使其摆荡，观察到铝片会摆荡较长时间才慢慢停下来。之后在最低处加上磁铁，拉起铝片再使其摆荡，结果是经过最低处时，铝片明显减速甚至急停。电磁刹车也是利用了电磁阻尼原理。电磁刹车也称涡磁刹车、磁力制动，是近年来为保证过山车最后进站前的安全而设计的一种刹车形式。电磁刹车的制动器由磁力很强的钕铁硼磁铁制成，并不与车体直接接触，因此没有机械式刹车可能摩擦过热的问题，另外下雨天也不会出现刹车打滑，可靠性更高。

电磁阻尼摆

在电磁驱动演示实验中，安装好手柄，转动磁铁，会看到磁场内被支架支起来的铝框也跟着一起转动。根据楞次定律可以做出如下分析：磁铁运动带来铝框磁通量变化，因此铝框产生感应电流，受到安培力，跟随磁铁一起运动。两者转动的方向相同，但铝框转速始终小于磁铁转速（想一想为什么）。感应式电动机（异步电动机）就是根据这个原理制成的，另外，超高层建筑中的垂直电梯不能使用过长的钢缆，也会采用电磁驱动。电磁驱动还可用于制作机械仪表，如汽车速度计、家用电表等。

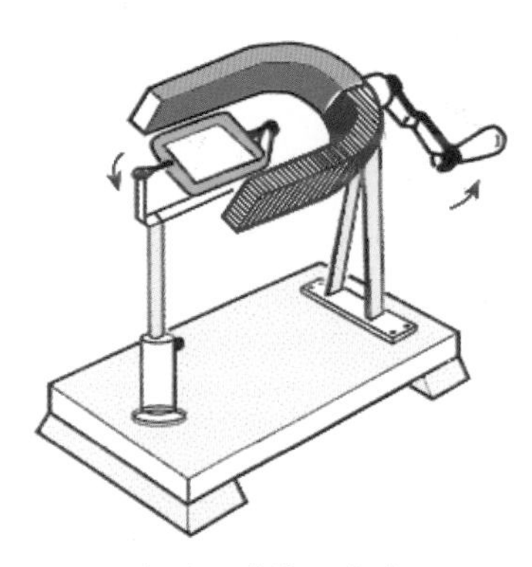

电磁驱动演示实验

跟着我左手右手一个慢动作

——电磁场中的三大定则

安培是和奥斯特同时期的法国数学家，他被电流的磁效应深深吸引，以至于放弃了自己已有一些成就的数学研究领域，转向物理学领域。安培在重做奥斯特实验的基础上，提出了用来判定电流磁场方向的安培定则。后来人们又研究出了磁场力方向的规律，名为左手定则；以及电磁感应中导体切割磁感线时感应电流方向的规律，名为右手定则。

安培定则

安培定则又称为右手螺旋定则。在确定电流磁效应中电流方向和磁场方向的关系时，有三种常见的情况。

通电直导线周围磁场方向：想象右手握住导线，伸直大拇指，使其所指方向跟电流的方向一致，则弯曲的四指所指的方向就是磁感线（磁场）的环绕方向。

环形电流周围磁场方向：让右手四指弯曲的方向与环形电流的方向一致，伸直的大拇指所指的方向就是环形导线轴线上磁感线的方向。

通电螺线管周围磁场方向：通电螺线管可视为若干环形电流叠加而成，所以手的握法与环形电流相近。想象右手握住螺线管，让四指的弯曲方向与螺线管的电流方向相同，大拇指所指的那一端就是通电螺线管内部的磁感线方向，也可认为大拇指指向螺线管磁场的 N 极。

自然界中的某些现象也符合右手螺旋定则。比如，牵牛花茎的缠绕方向和生长方向满足右手螺旋定则。在天文学中，确定星球北极时也遵循右手螺旋定则，天文学家马林斯简洁地描述了这一规则："使你的右手握拳成拇指向上的形状。如果行星的运转方向与你手指的弯曲方向相符，你的大拇指所指的就是北极。你可以试着比划一下地球（自西向东运转）就明白了。”

左手定则

左手定则又叫电动机定则。1885 年，担任英国伦敦大学电机工程学的弗莱明教授发现学生经常弄错磁场、电流和受力的方向，于是想出来一个简单的方法帮助学生记忆，左手定则由此诞生：将左手展平，四指并拢，拇指与四指呈 90° 夹角。假想让磁感线穿过手掌心，四指指向电流方向或正电荷运动方向（如果运动电荷是负的，四指指向电荷运动的反方向），大拇指的指向即安培力或洛伦兹力的方向。

右手定则

右手定则又叫发电机定则，也是由弗莱明教授创造，可以判断导体在磁场中移动（切割磁感线）时所产生的感应电流方向：将右手展平，四指并拢，拇指与四指呈 90° 夹角。假想让磁感线穿过手掌心，大拇指指向导体切割磁感线的方向，则四指指向产生的感应电流的方向。

老师说

总结一下三定则适用的问题情形吧。右手螺旋定则判定电流和磁场关系，左手定则判定磁场对通电导线作用力方向，右手定则判定闭合电路中一部分导体切割磁感线产生的感应电流方向。生产实践中，左右手定则应用较为广泛。左右手各有分工，是用左手还是右手呢？若磁场中有电流，分析其受力用左手定则；若是导体在磁场中运动而产生电流，用右手定则。简言之：“左力右电。”因电而动用左手，因动而电用右手，即口诀“左通力右生电”。例如判断发电机感应电动势的方向时要用右手定则，判断电动机的旋转方向则要用左手定则。你还可以借鉴汉字结构来比较这两个定则：“力”字最后一笔向左撇，就用左手；而“电”字最后一笔向右甩，就用右手。

电光四射，磁力奔涌
——电磁场在科学技术中的应用

电磁炮

电磁发射是一种全新概念的发射方式。电磁轨道炮（简称电磁炮）是指通过电磁感应原理，利用电流产生强磁场，进而利用安培力加速载荷并发射的技术。与传统依靠工质膨胀做功驱动载荷运动的发射方式相比，电磁炮可将载荷加速至极高速度，加速过程更加平稳，且速度和加速度可任意调控，其射程超越传统火炮的极限，同时还具有能量转化效率高、结构简单、命中率高、噪声小、安全性高等特点，在军事、航天、交通领域都有着巨大的潜在优势和广阔的应用前景。

电磁轨道炮的理念最早是在1920年由法国人维勒鲁伯提出。现在使用的电磁炮主要由电源、高速开关、加速装置和炮弹四部分组成。炮弹弹丸外裹着软壳材料并在尾部连有电枢（一种装有线圈的部件），炮弹夹在平行的两条导轨之间。当发射弹丸时，两轨接

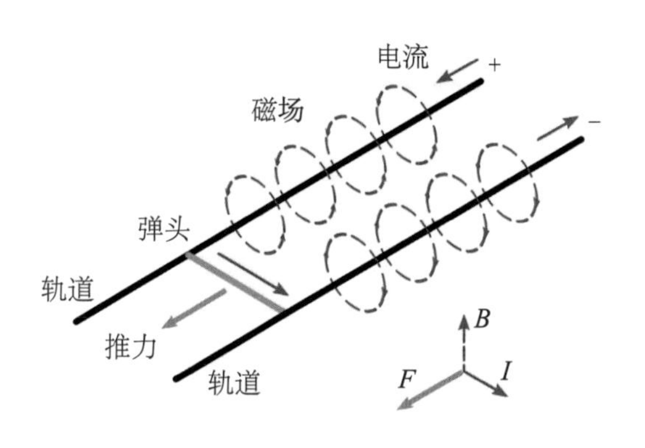

入电源，电流从一导轨经电枢流向另一根导轨（弹丸上无电流），强大的电流在两导轨间产生强大的反向磁场，并与电枢形成的第三个磁场相互作用，产生巨大的磁场力。磁场力推动电枢和置于电枢前面的弹丸沿导轨加速运动，使炮弹获得极大的初速度（理论上可以到达亚光速，实际上由于现有电子元器件的限制达不到），最后从炮口末端发射出去。之后，电枢和包裹弹丸的软壳脱落，弹丸飞向目标。

电磁炮对电力系统的要求很高，在设计和使用时要考虑诸多方面的要求和限制，比如常规舰艇难以满足电磁炮的安装需求，如要安装要么制造全新舰艇，要么对现有舰艇进行全面改装。电磁炮虽然结构复杂，原理上却十分简单——通电导体在磁场中受安培力而运动。如图所示，给细铜杆通电，细铜杆受到磁场施加的安培力的作用，将会加速运动起来。

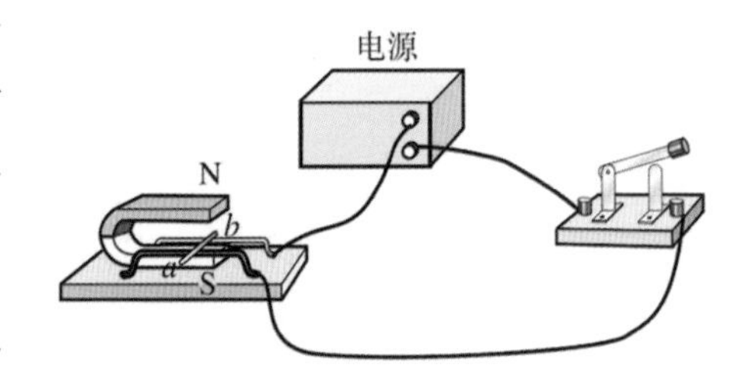

电磁炮的用途不仅仅是作为武器，在航天领域人们可以利用电磁炮把有效载荷从地面发射至太空。科研部门做过测算，利用火箭发射 1 千克物体的成本在 2000~8000 美元之间，而使用电磁炮的发射成本仅在 1~2 美元之间，而且可以重复使用，安全性好。在交通领域，电磁轨道列车也已被设计出来并投入试运行。

速度选择器

速度选择器也叫滤速器，这种装置能通过控制电场和磁场的强度把具有某一特定速度的粒子选择出来，因此得名。速度选择器是一些离子分析仪、散射谱仪、质谱仪等仪器的重要组成部分，它由两块平行金属板构成。工作时在两板上加一定电压，两板间便形成匀强电场，同时在两板间垂直于电场方向上加一匀强磁场。当带电粒子以一定的速度沿中线处狭缝进入速度选择器，会同时受到电场力和磁场力的作用，只有符合特定要求的带电粒子才会不发生偏转，最终沿直线飞出。

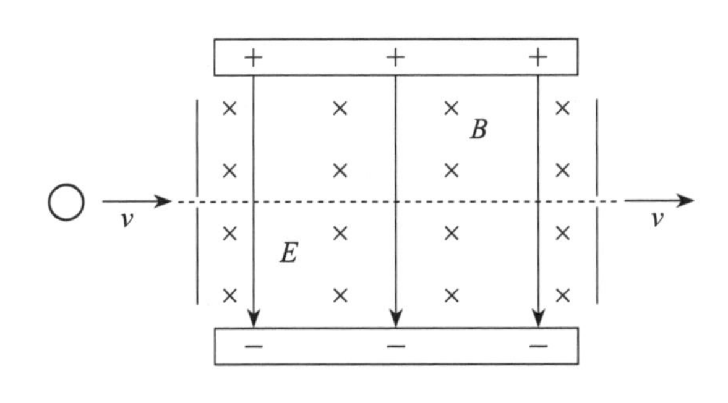

一定速度的带电粒子进入速度选择器，因重力远小于电磁力，可认为带电粒子只受电场力 qE 和洛伦兹力 qvB 作用。能够沿直线匀速通过速度选择器的带

电粒子受力关系必然是 $qvB=qE$，即 $v=E/B$。如果粒子的速度不是 E/B，洛伦兹力就不等于电场力，粒子会偏向力大的一侧做曲线运动，而不能通过选择器的狭缝。粒子能否通过速度选择器，取决于粒子速度，与粒子的质量、电量、电性无关。比如，把速度 $v=E/B$ 的正电荷粒子换成负电荷粒子，仍然可以直线通过，因为它受到的洛伦兹力和电场力的方向都发生了改变，结果仍然是受力平衡的。

回旋加速器

如何知道一个核桃里面是什么样子的？你可以用锤子把它砸开。如何知道原子核里面的情况呢？科学家们用另一把“锤子”把它砸开——用高能粒子轰击原子核！高能粒子是现代粒子散射实验中的“炮弹”，是研究原子核结构时最有用的工具。粒子能量多大才算高能呢？为了能够进入到原子核内部，高能粒子的能量至少要达到兆电子伏（MeV）的级别。以 α 粒子（氦原子核）为例，达到 1MeV 的能量大约需要 7070000m/s 的速度，这个速度大概 6 秒钟就可以绕地球一周。

如何获得高能粒子呢？物理学家做出加速器，通过电场加速带电粒子。加速器是核科学研究的重要平台。

但是，要将粒子加速至高能状态，所需直流电压非常高，技术上难以达到。怎么办呢？有人提出了多级加速方案，这样粒子就可以一直加速下去，这种加速器也称为直线加速器。

可是这个方案有个缺陷，就是所需要的加速电极数量多，设备非常长，占地面积很大，难以普及，比如美国的斯坦福直线加速器（SLAC）长达 3200 米。如果能把多级加速系统的各级电场合并成一个，并能让粒子每经过一次加速后都能返回这个电场再次加速就好了，这样能大大减少设备占地空间和材料成本。美国物理学家托马斯 · 劳伦斯发明的回旋加速器解决了直线加速器占地空间大的问题，且对后来核裂变及核力的研究起了十分重要的作用。

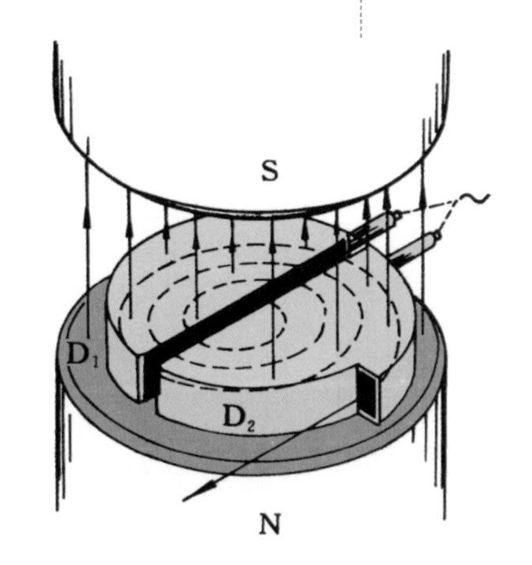

回旋加速器是利用磁场使带电粒子做回旋运动，并在运动中

经高频电场反复加速的装置，主要部件是在磁极间的真空室内放置的两个半圆形的金属扁盒（D 形盒）。两 D 形盒相对放置，中间隔开很小的间隙。使用时，在 D 形盒上加交变电压，其间隙处产生交变电场。置于中心的粒子源产生的带电粒子受到电场加速进入 D 形盒，D 形盒内只有磁场，粒子仅受磁场产生的洛伦兹力，在垂直磁场的平面内做圆周运动。洛伦兹力提供向心力，$qvB=mv^2/r$，可得粒子回转半径为 $r=mv/qB$。粒子做圆周运动周期为 $T=2\pi r/v=2\pi m/qB$，T 与 v 无关，粒子绕行半圈的时间为 $\pi m/qB$，其中 q 是粒子电荷，m 是粒子质量，B 是磁场磁感应强度。控制 D 形盒上所加的交变电压周期恰好等于粒子在磁场中做圆周运动的周期，则粒子绕行半圈后正赶上 D 形盒上电压方向反向，粒子仍将被加速。由于上述粒子绕行半圈的时间与粒子速度无关，因此粒子每绕行半圈经过狭缝时就会被加速一次，绕行半径逐渐增大。经过多次加速，最后带电粒子沿螺旋形轨道从 D 形盒边缘飞出，能量可达几十兆电子伏。

回旋加速器也有缺陷，就是对带电粒子不能无限加速。也就是说回旋加速器加速带电粒子，因相对论效应，速度达到一定数值就不能再增加，所以近年来物理学家们又开始发展直线加速器了。

霍尔效应

1879 年，一位名叫霍尔的美国物理学家在研究金属的导电机制时发现了一种电磁效应——当磁场方向与电流方向垂直时，导体在与磁场、电流都垂直的方向上出现了电势差，这就是霍尔效应。

霍尔效应的原理：在一个金属或半导体薄片两端通入控制电流 I，在垂直于薄片的方向施加磁感应强度为 B 的磁场，则在与电流和磁场垂直的方向上产生电势差，此电势差称为霍尔电压 U_{H}。利用电场力和洛伦兹力的平衡，可计算出其大小为 $U_{\mathrm{H}}=R_{\mathrm{H}}IB/d$，式中 R_{H} 为霍尔系数，d 为薄片在磁场方向上的厚度。霍尔系数 $R_{\mathrm{H}}=1/ne$，n 为薄片单位体积的自由电子或载流子（可自由移动的带有电荷的物质微粒）数目，e 为电子电量。半导体中的霍尔效应比金属更为明显，测量霍尔系数是研究半导体材料性能的一种基本方法。

利用霍尔效应制成的各种霍尔元件，具有对磁场敏感、结构简单、体积小、频率响应宽、输出电压变化大和使用寿命长等优点，因此在测量、自动化和信息技术等领域得到广泛应用。汽车、电脑和大多数家用电器中都使用了霍尔元件，但由于其体积小且被封装了起来，我们就很难直接见到其庐山真面目了。

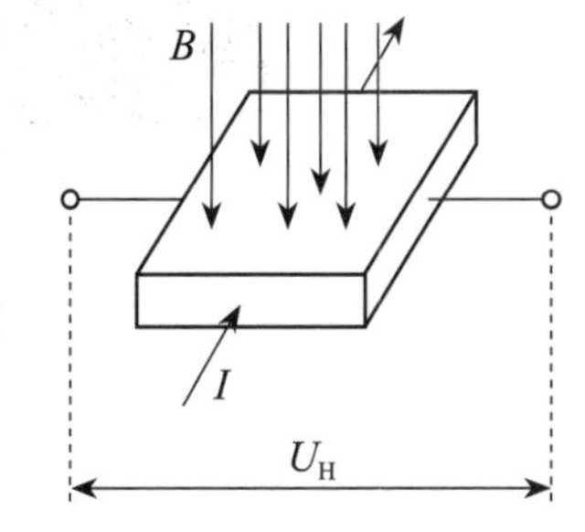

电网为何采用高压输电？
——交流电与变压器

你一定见过或听说过高压电网，并可能会思考，我们家庭用电器需要 220V 的电压就够了，为什么要采用高压输电呢？出于安全因素考虑，还要为高压电网架设很高的铁塔，维护维修也不方便，而且高压电网周围一定距离内不能有建筑物……听起来很麻烦，可是为什么世界各国还是青睐于采用高压输电呢？接下来，我们对这一问题做一些分析。

高压电塔周围都很空旷

我们知道，输电的本质是发电站把电能输送给用户，也可以理解为输送的是电功率。发电厂一般修建在远离城市的地方，从发电站到居民用户，每一度电都要跋山涉水，千里奔袭。除了感叹路途不易，我们还要注意电能“走过”的每一寸土地上都要有导线，这么长的距离，我们在实验室连接电路时可以不考虑导线电阻，在这里肯定不行了。因此在输电过程中，输电线上会损失很多电能，全国那么多电线加起来，可不是个小数字。那么怎么减小损耗呢？

根据焦耳定律可知，导线上的电能损失是 I^2Rt，电功率损失是 I^2R，解决问题的方案就出来了：一是减小输电线电阻，二是减小输电线中的电流。

方案一

先来分析减小输电线电阻方法。根据电阻定律 $R=\rho\frac{l}{S}$ 可知，减小输电线电阻的子方案有三个：减小输电线长度、增加输电线截面积、减小导线电阻率。减小输电线长度显然不现实——用户总不能都搬到发电厂附近吧！增加输电线截面积行不行呢？通过一个小例子算一算：如果把 220kW 功率的电能用铝导线（电阻率 $2.9\times10^{-8}\Omega\cdot m$）按 220V 电压输送到 100 千米处，使导线上的功率损失为输送功率的 10%，导线的横截面积需要多大呢？没想到，答案竟是大约 420 平方厘米，比碗口还粗！放弃。那减小导线电阻率总行了吧！我们的电线一般是用铜做的，查电阻率表可知铜的电阻率是 $1.75\times10^{-8}\Omega\cdot m$，比铜还小的只有银了（电阻率是 $1.65\times10^{-8}\Omega\cdot m$）。而且银的电阻率也没小多少，关键是成本太高，又太软不安全。方案一全军覆没。

方案二

再来分析减小输电线中的电流。根据电功率的定义式 $P=UI$ 可知，减小输电线中电流的子方案有两个：减小输电功率、提高输电电压。可是，由于发电厂的装机容量和用户需求基本是一定的，因此在实际输电时不能靠减小输电功率来减小输电电流。说来说去，办法只剩一个：提高输电电压。在输电功率和输电线电阻一定的情况下，输电电压每提高一倍，输电电流就减小一半，输电线上的电能损失减为四分之一。

如何提高输电电压

其实你可能每天都和改变电压的装置打交道，那就是变压器。变压器利用电磁感应规律，可以对交变电流起到升压或降压的作用，但对恒定电流不起作用。那就先来了解下交流电吧。

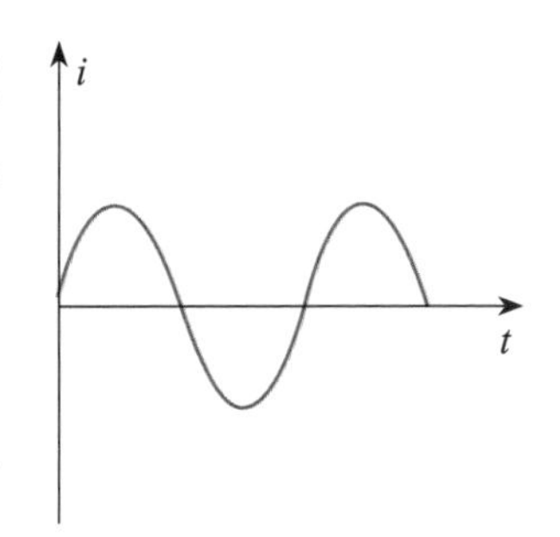

线圈在匀强磁场中绕垂直于磁感线的轴匀速转动，线圈中会产生周期性变化的正弦式电流。生产和生活中所用的交变电

流也是正弦式交流电。

为了提高发电效率，发电厂采用三个线圈绕在一起在磁场中转动发电，称为三相制。三个线圈的频率相同（50 赫兹）、电势振幅相等、相位差互差 120°，组成一个系统。三相制是发电、输电、供电的基本方式。

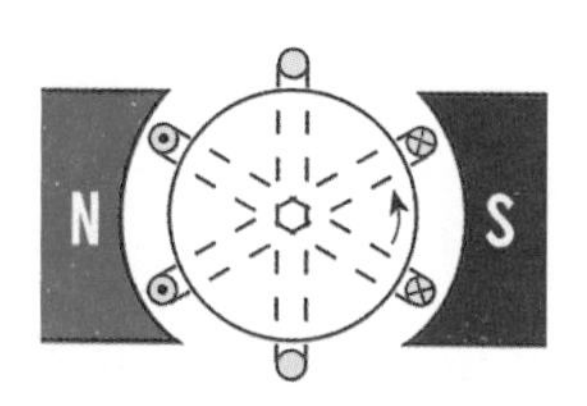

如前所述，交流电最大的优点，是可以利用变压器改变其电压数值，来减小远距离传输导致的电能损耗。直流电不能通过变压器来变压是因为直流电的电流大小是恒定不变的，产生的磁通量也是不变的，也就不会产生电磁感应现象，因此不能改变电压。这是变压器的原理中一个简单的结论。

变压器是利用电磁感应的原理来改变交流电压的装置，主要构件是原线圈（初级线圈）、副线圈（次级线圈）和铁芯（磁芯）。在原、副线圈上由于有交变电流而发生的互相感应现象叫作互感。互感现象是变压器工作的基础，因此变压器对恒定电流不起作用。理想变压器，指的是磁通量全集中在铁芯内，没有能量损失，不计原副线圈电阻，输入功率等于输出功率的变压器。理想变压器两个线圈的电压比等于匝数（n）比。

对于远距离输电电能损耗的大幅降低，变压器可谓功不可没。发电厂的电流要先通过变压器升压，到用户端再通过变压器降压，在实际输电线路中还有多次升压和降压过程。我们身边的各种充电器就是变压器，不过还要额外包含一些滤波整流电路以实现其功能。

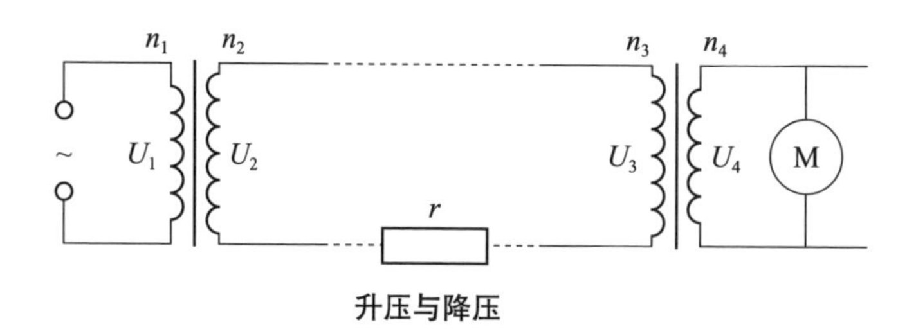

升压与降压

多种多样的通信
——无线电波家族

物理学史上，牛顿将天地间力与运动的规律统一，实现了物理学第一次大综合。麦克斯韦将电与磁的世界统一，实现了物理学的又一次大综合。麦克斯韦建立的电磁场理论是19世纪物理学发展中最光辉的成果之一，这个理论表明：变化的电场会产生磁场，变化的磁场也会产生电场，电场与磁场互相激发产生电磁场，电磁场从场源向远处传播形成电磁波。电磁波是个大家族，根据电磁理论，人们最先寻求这个家族中的一员——无线电波的帮助，对世界进行更为深入的探索。

知识卡片

电磁波包含电场和磁场，其中电场强度 E 和磁感应强度 B 都按正弦规律变化，二者相互垂直，并且都与波的传播方向垂直，电磁波以光速向前传播。电磁波的特征用频率、波长来表述。频率指的是电磁波在一秒钟内波动的次数，单位是赫兹，简称赫，符号 Hz。电磁波的波长是指电磁波传播空间中电场强度完全相同的相邻两点间的距离。电磁波传播速度 v 与波长 λ、频率 f 的关系为 $v=\lambda f$。

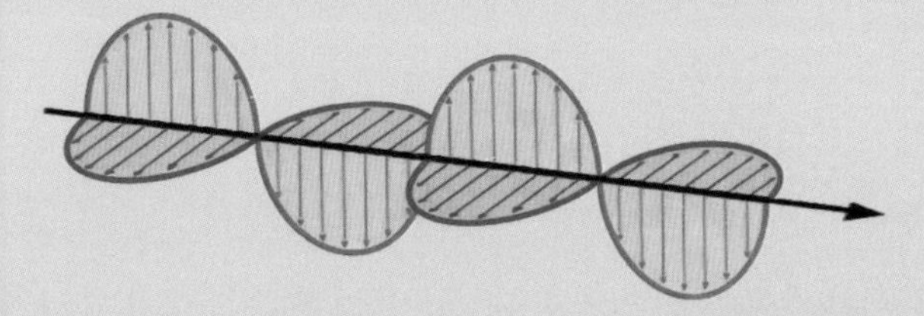

向右传播的电磁波示意图，红色为电场，蓝色为磁场，相邻两波峰或波谷间距离为波长

无线电波是电磁波的一种，工程技术上定义为波长大于 1mm（频率低于 300GHz）的电磁波。无线电波主要用作通信领域的信息载体。技术人员根据波长和频率将无线电波分成了不同的波段，不同波段的无线电波特性不同，用途上也有差异。

无线电波的波段划分

波段（频段）	符号	波长范围	频率范围	应用范围
超长波（超低频）	VLF	10000~100000m	3~30kHz	潜艇海底通信，海上导航
长波（低频）	LF	1000~10000m	30~300kHz	大气层内中等距离通信，地下岩层通信，海上导航
中波（中频）	MF	100~1000m	300kHz~3MHz	广播，导航
短波（高频）	HF	10~100m	3~30MHz	远距离短波通信，广播
超短波（甚高频）	VHF	1~10m	30~300MHz	电视，导航，移动通信，广播（调频 FM），流星余迹通信，人造电离层通信，大气层内外空间飞行体（飞机、导弹、卫星）通信，电离层散射通信
分米波（特高频）	UHF	0.1~1m	300~3000MHz	对流层散射通信，小容量（8~12 路）微波接力通信，中容量（120 路）微波接力通信
厘米波（超高频）	SHF	1~10cm	3~30GHz	大容量（2500、6000 路）微波接力通信，数字通信，导航，卫星通信，雷达，波导通信
毫米波（极高频）	EHF	1~10mm	30~300GHz	穿入大气层时的通信

超长波通信

超长波通信在水下通信领域大显神通。实验表明，无线电波在水中有很大的衰减，而且频率越高衰减就越大，因此地面上使用的无线电波在水中传播距离极其有限，而超长波是无线电波中频率最小的，于是就成为水下通信的最优选择。当潜水艇浮在水面时，可以利用各种无线电通信方式，但是一旦潜到海面下，潜水艇与岸台通信时就只能选用超长波段了，通信频率在 76 赫兹左右。

长波通信

长波通信是人们最早使用的通信波段。长波又称地波，主要沿地球表面进行传播，传播距离可达数千甚至上万千米，20 世纪初人们已开始使用长波进行越洋商业通信。后来，由于其他波段的通信方法日益成熟，长波通信逐渐被替代。但在某些领域长波通信仍旧发挥着作用，比如导航、地下通信等。现在许多国家还设有长波导航台，可用于引导舰船和飞机按预定线路航行。建于 1940 年的著名的罗兰导航系统，工作频率为 90~110 千赫，现在仍在广泛地使用。长波通信的另一个重要应用是报时，中国也设有长波报时台（长波授时系统）。长波授时系统是中国目前唯一达到微秒量级的高精度授时系统，信号覆盖国内所有陆地和近海海域。

中波通信

中波通信是广播和导航中的主力军。在电视与网络出现之前，广播是大众媒介主要的信息渠道。在中波波段中，国际电信联盟规定 526.5~1605.2 千赫专供无线电广播使用，我们平时收听到的中央人民广播电台和本地广播电台的节目大多在这个波段。中国的大、中城市都有多个中波广播电台，中波在白天主要依靠地面传播，其传波距离有限，即便出现不同城市的中波广播电台频率重复也不会互相干扰。然而在夜间中波可由电离层反射传播，这样可以传得较远，所以在夜间收听中波广播，有时会出现串台现象。

短波通信

短波通信是活跃在地面和电离层之间的“舞者”。电离层是指从离地面约 50 千米开始，一直伸展到约 1000 千米高度的地球大气层高层区域，由于受太阳辐射的作用，这部分区域存在大量的自由电子和离子。电离层对无线电波“好恶不一”：对中波或长波来者不拒，请它们统统留下；对短波却拒之门外，将它们反射回地面。被反射回地面的短波又会被地面反射回空中，这样不断被反射而“跳跃”的短波可以传播数千甚至上万千米的距离。短波是唯一一种不受网络枢纽和中继体制约的远程通信手段，在战争或灾害发生时也不会受到影响。现在短波通信主要用于应急、抗灾通信和远距离越洋通信。

超短波通信

超短波通信是调频广播和电视的信使。超短波也叫米波，主要依靠地波传播和空间波视距传播（直线传播）。超短波的频带宽度是 270 兆赫，是短波频带宽度的 10 倍。由于频带较宽，所以通信容量较大，被广泛应用于电视、调频广播、雷达探测、移动通信、军事通信等领域。采用超短波的调频广播比普通中波广播抗干扰能力强很多，昼夜和天气变化对调频广播基本没有影响，即使在雷电天气中调频广播也能保持很好的音质。

微波通信

微波通信是点对点式的无线电通信方式。工程技术上把波长小于 1 米的无线电波称为微波。微波的绕射能力很差，在地表传输时，衰减快，传输距离短，只能向空中点对点直线传播。如果要进行远距离传输，就必须进行“接力”，也就是说，需要设置微波中继转接站。微波中继转接站接收到前一站的微波信号，进行放大等处理，再转发到下一站，就像接力赛跑一样，直到抵达最终收信端，因此微波通信也称为微波中继通信或微波接力通信。现在人们借助地球同步卫星，将“微波中继站”挂在太空中，最大化地扩大了微波通信的距离，可以把信息传遍全世界。

脑洞物理学

读完本章内容，同学们可以尝试进行以下探究课题，体验物理学的魅力。

Task1 在没有电的时代，人类过着平淡稳定的农耕生活。而在现代社会，虽说你也许能接受一个星期甚至一个月没有电的生活，但那是因为，只有你离开了“电”，电力还在支撑整个社会正常运转，你的感受仅限于无法直接享受电力带来的便捷。现在让我们假设，如果全世界所有的电力都消失一个月，人类社会将面临怎样的情况？发挥想象力思考一下，也可以跟家长或同学展开讨论。

Task2 查阅关于验电器的资料，试着自己动手制作一个。

（提示：验电器是一种检测物体是否带电及粗略估计带电量大小的仪器。当被验物体接触验电器顶端导体时，自身所带电荷会传到玻璃罩内的箔片或指针上。同种电荷相互排斥，箔片或指针将自动分开，张成一定角度，根据角度大小可估计物体带电量大小。）

Task3 电能 = 功率 × 时间。请你以“千瓦”为单位记录家中每件用电器的功率，观察记录或者估计每个用电器每周用电的平均时间，由此估算每周家庭用电量，并与实际电能表的测量值做对比，尝试分析差异产生的原因。

如果你能坚持做这个课题一年时间，试试撰写一份《家庭全年用电报告》，也许会有意想不到的收获。

Task4 制作简易指南针。用强磁体的一个磁极沿同一方向摩擦缝衣针，能使缝衣针磁化成小磁针。让小磁针穿过塑料瓶盖或插进塑料泡沫里，轻放在盆中的水面上，指南针就做成了！（找不到缝衣针，可以用回形针代替，只需用钳子把回形针拉直即可。）

Task5 在构造上，直流与交流发电机大部分是相同的，但有一处主要的差别。查阅资料，找出这个差别，并体会其中的设计原理。

（提示：换向器——哪个有，哪个没有？）

Task6 找一个用坏了的充电器（输出电压不超过 12V 的），尝试用工具把它拆开，看看你能否找到封装在里面的“变压器”。

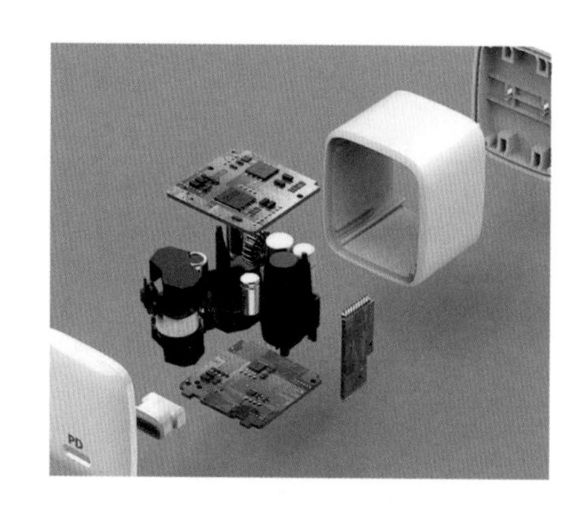

Task7 参考本章内容，发挥你的聪明才智，动手制作一个简易电动机。

（提示：一种可能的形式如下，可以参考这幅图片，也可以尝试其他的器材！电源使用电池即可，注意安全。）

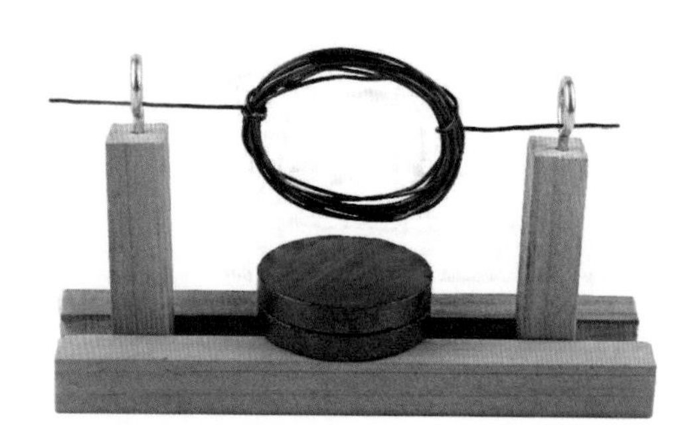

Task8 在临床医学中，磁共振功能成像技术应用广泛，用于检查人体内部器官。但是，患者体内有金属物（如心脏起搏器、金属假肢等）时禁止使用。这是为什么呢？查阅资料，验证你的猜想。

学霸笔记

1. 电荷守恒定律、库仑定律

电荷守恒定律：电荷既不能创生，也不能消失，只能从物体的一部分转移到另一部分，或者从一个物体转移到另一个物体，在转移的过程中电荷的总量保持不变。

元电荷 $e=1.6\times10^{-19}$C。所有带电体的电荷量都是元电荷的整数倍，其中质子、正电子的电荷量与元电荷相同。电子的电荷量 $q=-1.6\times10^{-19}$C。

使不带电的物体带电的过程称为起电过程。起电方法有三种：摩擦起电、感应起电、接触起电。

库仑定律：真空中两个静止点电荷之间的相互作用力与它们电荷量的乘积成正比，与它们距离的平方成反比，作用力的方向在它们的连线上。表达式为 $F=k\frac{q_1q_2}{r^2}$，式中 $k=9.0\times10^9\text{N}\cdot\text{m}^2/\text{C}^2$，叫静电力常量。

2. 电场与静电现象

静电场是存在于电荷周围，能传递电荷间相互作用的一种特殊物质，其基本性质是对放入其中的电荷有力的作用。物理学中把放入电场中某点的电荷受到的电场力 F 与它的电荷量 q 的比值定义为电场强度，表达式为 $E=\frac{F}{q}$，单位 N/C 或 V/m。E 是矢量，正电荷在电场中某点所受电场力的方向即该点的电场强度方向。

把金属导体放在外电场中，导体内的自由电子受电场力作用而发生迁移，使导体的两面出现等量的异种电荷，这种现象叫静电感应。当导体内自由电子的定向移动停止时，导体处于静电平衡状态，处于静电平衡的导体内部的合电场为零，且导体上任意两点之间没有电势差（电压），导体所带电荷只分布在外表面，与表面曲率有关。金属壳或金属网罩所包围的区域，不受外部电场的影响，这种现象叫作静电屏蔽。

3. 电场力的功、电势能、电势与电势差

电场力做功与路径无关，只与初末位置有关。在匀强电场中 $W=Fd=qEd$，其中 d 为沿电场方向的距离。

如同物体在地球场中具有重力势能一样，电荷在电场中具有电势能，数值上等于将电荷从该点移到零势能位置时电场力所做的功。

电荷在电场中某一点的电势能与它的电荷量的比值，叫作这一点的电势，用ϕ表示，即$\phi=\dfrac{E_p}{q}$。电势是表述电场能量属性的量，由电场本身决定，但其数值与零电势点的选择有关，为了解释问题的方便，我们默认大地或无穷远处的电势为零。

电场中任意两点间电势的差值叫作电势差，这一概念在电路中常称为电压。电势差的数值与零电势点的选择无关。在任何电场中的A、B两点间移动电荷，电场力的功都为$W_{AB}=qU_{AB}$。

4. 直流电路的概念与规律

电阻定律与电阻率：导体的电阻跟它的长度成正比，跟它的横截面积成反比，导体的电阻还与构成它的材料有关，即$R=\rho l/S$，ρ为电阻率，反映导体的导电性能，是导体材料本身的属性之一。电阻率与温度有关，当温度降低到绝对零度附近时，某些材料的电阻率会突然减小至零，成为超导体。

欧姆定律：给出了电路中电流的定量关系，分为部分电路欧姆定律和闭合电路欧姆定律，即$I=\dfrac{U}{R}$和$I=\dfrac{E}{R+r}$（E为电动势）。适用于金属和电解液导电，适用于纯电阻电路，不适用于非纯电阻电路。

焦耳定律与电功：电路中的电流流过一段导体时产生的热量满足焦耳定律，即$Q=I^2Rt$，式中Q简称电热。电热等于或小于电流做的功（电功）$W=qU=UIt$，纯电阻电路中$Q=W$。

串联电路、并联电路的规律

	串联电路	并联电路
总电阻	$R_总=R_1+R_2+\cdots\cdots+R_n$	$\dfrac{1}{R_总}=\dfrac{1}{R_1}+\dfrac{1}{R_2}+\cdots\cdots+\dfrac{1}{R_n}$
各电路相等的物理量	$I_1=I_2=\cdots\cdots=I_n$	$U_1=U_2=\cdots\cdots=U_n$
电流或电压分配关系	$\dfrac{U_1}{R_1}=\dfrac{U_2}{R_2}=\cdots\cdots=\dfrac{U_n}{R_n}$	$I_1R_1=I_2R_2=\cdots\cdots=I_nR_n$
总电流	$I_总=I_1=I_2=\cdots\cdots=I_n$	$I_总=I_1+I_2+\cdots\cdots+I_n$
总电压	$U_总=U_1+U_2+\cdots\cdots+U_n$	$U_总=U_1=U_2=\cdots\cdots=U_n$
电功率分配关系	$\dfrac{P_1}{R_1}=\dfrac{P_2}{R_2}=\cdots\cdots=\dfrac{P_n}{R_n}$	$P_1R_1=P_2R_2=\cdots\cdots=P_nR_n$

5. 磁场与电磁感应

磁体周围存在磁场，奥斯特实验表明电流周围也存在磁场，电流周围的磁场遵循安培定则。磁场的基本性质是对处于其中的磁体、电流和运动电荷有磁场力的作用。磁场对电流的作用力叫安培力，对运动电荷的作用力叫洛伦兹力。在电流方向或电荷运动方向与磁场垂直的情况下，安培力 $F=BIl$，洛伦兹力 $F=Bqv$。式中 B 为磁感应强度，描述磁场的强弱和方向，由磁场本身决定。安培力和洛伦兹力的方向都可以用左手定则判定。磁场对电流的安培力是电动机的理论基础。

与磁场有关的应用很多，如电磁炮、电流天平、质谱仪、回旋加速器、速度选择器、磁流体发电机、电磁流量计、霍尔元件等。

利用磁场来产生电流的过程是电磁感应。如果把穿过某一面积的磁感线的条数理解为磁通量，则当一闭合回路的磁通量发生变化时，必有感应电流产生。感应电流的方向遵循楞次定律，简单情形如导体切割磁感线，感应电流的方向可用右手定则得出。

法拉第电磁感应定律：感应电动势的大小跟穿过这一电路的磁通量的变化率成正比，公式表述为 $E=N\dfrac{\Delta\Phi}{\Delta t}$，其中 N 为线圈匝数。导体垂直切割磁感线时，感应电动势可用 $E=Blv$ 求出，式中 l 为导体切割磁感线的有效长度。法拉第电磁感应定律是发电机的理论基础。

涡流效应、电磁阻尼和电磁驱动都是电磁感应的典型应用。

6. 交流电与变压器

交变电流是指大小和方向都随时间做周期性变化的电流。家庭电路和工厂动力电路都使用正弦式交流电。交变电流的电流或电压所能达到的最大值叫峰值，与交变电流热效应等效的恒定电流的值叫作交变电流的有效值。对正弦交流电，其有效值和峰值的关系为：$U=\dfrac{U_m}{\sqrt{2}}$，$I=\dfrac{I_m}{\sqrt{2}}$。通常所说的交流 220V 电压指的是有效值，其最大值（峰值）约为 311V。

利用变压器可以减少远距离输电时的电能损耗。变压器是由闭合铁芯和绕在铁芯上的两个线圈组成的，与交流电源连接的线圈为原线圈，也叫初级线圈；与负载连接的线圈为副线圈，也叫次级线圈。变压器工作时利用了电流磁效应、电磁感应互感原理。理想的变压器（不考虑其上的电能损耗）规律如下。

电压关系：只有一个副线圈时，$\dfrac{U_1}{n_1}=\dfrac{U_2}{n_2}$；有多个副线圈时，$\dfrac{U_1}{n_1}=\dfrac{U_2}{n_2}=\dfrac{U_3}{n_3}=\cdots\cdots$

电流关系：只有一个副线圈时，$\dfrac{I_1}{I_2}=\dfrac{n_2}{n_1}$；由 $P_{入}=P_{出}$及 $P=UI$ 推出，有多个副线圈时，$U_1I_1=U_2I_2+U_3I_3+\cdots\cdots+U_nI_n$。

05 热现象

不一样的物理课

Physical

To 同学们：

热现象指的是与物体冷热程度（温度）有关的现象。冷热人人都能够感知，但温度要如何定义、测量和比较？这个貌似简单的问题其实并不好回答，因为它涉及热力学第零定律。

我们身边的这个世界是由物质构成的。组成物质的分子有多小？常见的物态变化又有哪些？还有，热力学的几大定律包括哪些内容？本章将对这些问题做一些探讨，此外还会分析比热容的概念和有关现象，以及把内燃机的工作原理介绍给同学们。

本章要点

- 温度
- 分子动理论、扩散现象与布朗运动
- 物态与物态变化
- 热力学四大定律
- 比热容
- 热机、内燃机

地球上最冷的地方有多冷？
——认识温度

南极是地球上最冷的地方之一。在南极，一个名叫康宏站的科学考察站可能是世界上最偏远的科学基地，它由法国与意大利在 2005 年联合设立。说康宏站最偏远，是因为距离我们头顶 400 多千米的国际空间站，也比这个考察站更靠近人类生活的区域。每次给康宏站运输物资都非常烦琐，大部分物资都需要在其他的考察站中转再运到这里。从南极沿海卸货到这里，即便天气状况良好，有时也需要 7 天的时间。这里的每一寸土地终日被大雪覆盖，平均温度约为 -60℃，有时连续数月见不到阳光。这里的天气冷到什么程度呢？工作人员拿着一碗意大利面刚走到室外，叉子已经被冻结在半空中；从保温袋里拿出来的鸡蛋打到一半的时候，已经冻住了；开水泼出去还没落地就已经结成了冰……

刚刚我们描述了“寒冷”的场景，在科学研究中，仅仅语言描述是不够的，需要用温度来定量表示物体的冷热程度。为何温度可以衡量冷热程度？这是因为人们用温标对温度的数值做出了具体规定。

知识卡片

温度是表示物体冷热程度的物理量，量度物体温度数值的标尺则叫温标。温度常用的单位是摄氏度，用符号℃表示，如“5℃”读作“5 摄氏度”，“−20℃”读作“零下 20 摄氏度”或“负 20 摄氏度”。摄氏温标的规定是：一个标准大气压下，冰水混合物的温度是 0℃，沸水的温度是 100℃，0℃和 100℃之间分成 100 等份，每一等份代表 1℃。

除摄氏温度外，较为常见的还有华氏温度，符号为℉。摄氏温度与华氏温度的换算关系是：

$$t_F=\frac{9}{5}t_C+32$$

$$t_C=\frac{5}{9}(t_F-32)$$

现代科学研究多采用热力学温度，单位开尔文（开），符号为 K。热力学温度也叫绝对温度。热力学温标规定 −273.15℃为零点，因为宇宙中没有比这再低的温度了，所以 0K（即 −273.15℃）称为绝对零度。热力学温标分度法与摄氏温标相同，即热力学温标上相差 1K 时，摄氏温标上也相差 1℃，因此换算关系为 $T=t+273.15$℃，T 代表热力学温度，t 代表摄氏温度。

温标“竞争”史

华氏温标由德国的华伦海特创立。华伦海特发现气压表的水银柱高度随温度变化而变化，他利用这一发现制成了第一支玻璃水银温度计，并在 1714 年规定了华氏温标。他把北爱尔兰冬天最低的温度定为零度，把他妻子的体温定为 100 度，把这两个温度对应的水银柱高点间的距离分成 100 等份，每份记为 1 度。这就是最初的华氏温标。显然，这样的做法有不准确之处，人的体温在一天之中经常波动，而且他妻子如果感冒发烧了怎么办？于是华伦海特后来将冰、水、氯化铵和盐混合物的熔点记为 0 ℉，把冰的熔点记为 32 ℉，又将一个标准大气压下水的沸点记为 212 ℉，在 32 ℉和 212 ℉之间均分 180 等份。这就是华氏温标，华氏温标确定之后，就有了华氏温度。

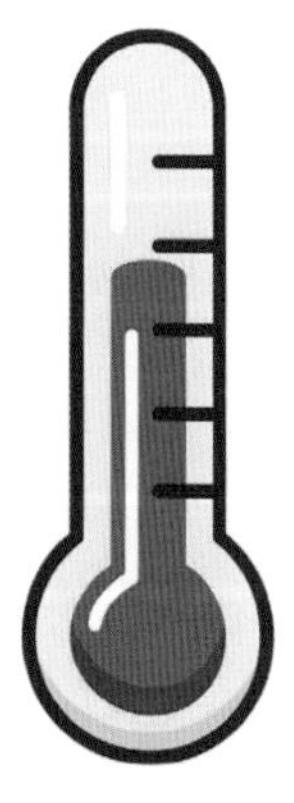

在华氏温度计出现的同时，法国物理学家列奥谬尔也设计制造了一种温度计。他认为水银的膨胀系数太小，不宜做测温物质。他专心研究用酒精作为测温物质的优点，通过反复实践发现，含有 1/5 体积水的酒精，在水的结冰温度和沸腾温度之间，其体积的膨胀是从 1000 个体积单位增大到 1080 个体积单位。因此他把水的冰点和沸点之间分成 80 份，这就是列氏温标。

1742 年，瑞典天文学家安德斯 · 摄尔修斯认定水银柱的长度跟随温度线性变化，他用水银做测温物质，创立了我们熟知的摄氏温标。

温标各式各样，使用起来可是相当混乱。为了结束这种混沌的状态，英国物理学家威廉 · 汤姆逊（后因诸多科学成就而被封为开尔文勋爵）于 1848 年提出热力学温标，它不依赖任何测温物质的任何物理性质，因而是一种基本的科学温标。

全世界的人多久才能数完 1 克水？
——分子动理论

全世界的人开始同时数 1g 水里面的分子，每人每小时可以数 5000 个，假如所有人都不间断地数，多少年可以数完呢？10 年？不好意思，10 年数不完。那么 100 年……1000 年总可以了吧（虽然我们活不了那么久）——还是不行？1g 水里面到底有多少水分子啊！了解一些有关分子论的知识，你就可以揭晓答案了。

分子是构成物质的一种基本粒子的名称。大多数物质由分子组成，分子由原子组成。对于由分子构成的物质，分子是其保持物质化学性质的最小单位；有些物质直接由原子构成，那么这些原子就是保持物质化学性质的最小单位。特别说明一下，在分子动理论中，这些分子和原子会被统称为“分子”。

无论是从空间角度还是从质量角度看，分子都很小。如果把分子视为球体，其直径的数量级为 10^{-10}m，其质量的数量级为 10^{-26}kg，这么小的分子肉眼根本无法直接观察到，即便是用光学显微镜也做不到。因此，任何一个可见的物体所包含的分子数目都极其庞大，这就要用“物质的量”来描述了。

知识卡片

物质的量表示含有一定数目粒子的集体，符号为 n。粒子可以是原子、分子或离子等。物质的量的单位为摩尔，简称摩，符号为 mol。国际单位制规定，1mol 为精确包含 6.02214076×10^{23} 个粒子的物质的量。

这个数字很奇怪，它是怎么来的呢？其实它是有名称的，叫作阿伏伽德罗常量（N_A），因意大利化学家阿伏伽德罗而得名，单位为 mol^{-1}，计算时可取 $6.02\times10^{23}mol^{-1}$。阿伏伽德罗常量是 12g 的 ^{12}C 所含的原子数量。^{12}C 是碳的一种同位素，质子和中子数都为 6，人们将它选为基准，是因为它的实际质量能够被相当精确地测量。人们还用 ^{12}C 原子质量的 1/12 作为相对原子质量的定义，也叫作原子量。如前文所述，以 kg 或 g 为单位，原子的质量数值相当小，计算不方便，使用原子量会使计算简化许多。

物质的量是物质所含粒子数（N）与阿伏伽德罗常量之比，即 $n=N/N_A$。1mol 物质的质量称为摩尔质量，用符号 M 表示，单位为 g/mol。你可能已经发现了，国际单位制之所以这样规定，是为了让摩尔质量在数值上等于物质的分子量，即一个分子中各原子的原子量总和。因此只要知道分子量，我们就可以方便地计算物质的量了，它等于物质质量与对应摩尔质量的比值，即 $n=m/M$，再乘以阿伏伽德罗常量，就可以得到物质包含粒子的数量了！是不是很神奇？阿伏伽德罗常量是沟通微观世界和宏观世界的桥梁，由于篇幅问题，关于阿伏伽德罗常量的来历与测量方法，同学们有兴趣可以自己去查阅相关资料。

现在终于可以计算 1g 水里有多少分子啦！

1 个水分子含 1 个氧原子和 2 个氢原子，原子量分别为 16 和 1，因此水的分子量是 18，即水的摩尔质量是 18g。所以，1g 水的物质的量就是 1/18mol，乘以阿伏伽德罗常量 $6.02\times10^{23}mol^{-1}$，就能得到 1g 水所含有的分子数。全世界有 70 亿人，乘以每人每小时数 5000 个，再乘以 24 小时和 365 天，便是一年能数完的数量。最后，用 1g 水的分子数除以每年能够数完的数量，我们计算出全世界的人数完 1g 水的时间为 108719 年，所以真的需要 10 万年才能数完。现在感受到微观粒子有多小了吧！

只有化身幽灵才能数完了……

分子动理论

近代科学研究表明，构成物质的最小微粒在不停地做无规则的运动。分子无规则运动的快慢与温度有关，温度越高，分子运动越剧烈，因此人们把物体内部大量分子的无规则运动叫作热运动。分子动理论是研究物质热运动性质和规律的经典微观统计理论。

知识卡片

分子动理论的基本内容：物体是由大量分子构成的；分子在永不停息地做无规则运动；分子之间同时存在着相互作用的引力和斥力。

构成物质的分子间同时存在着相互作用的引力和斥力。分子引力的存在使得固体和液体能保持一定的体积。两端平滑的两个铅柱，平面紧密接触，压在一起后，能够悬挂一定的重物，也说明分子间存在引力。相反地，固体和液体分子间是有间隔的，但由于分子斥力存在，使其很难被压缩。引力和斥力都随分子间距离的增大而减小，随分子间距离的减小而增大，但斥力比引力变化更快。引力和斥力相等时的分子距离叫作分子间的平衡距离，用 r_0 表示（数量级为 10^{-10}m）。实际分子距离 $r<r_0$ 时，$F_{引}<F_{斥}$，分子力 F 表现为斥力；$r>r_0$ 时，$F_{引}>F_{斥}$，分子力 F 表现为引力；当 $r>10r_0$ 时，$F_{引}$、$F_{斥}$迅速减小，可认为分子力 $F=0$。

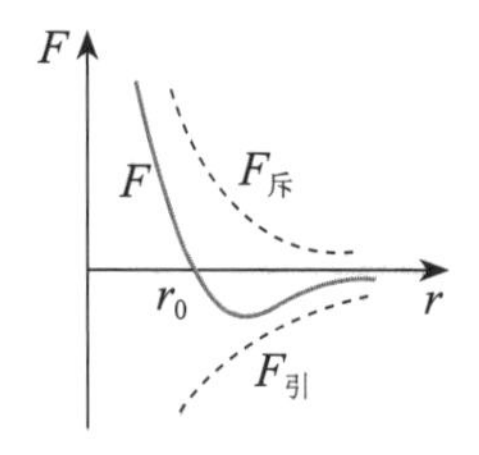

扩散现象与布朗运动

有两个实例分别直接或间接反映了分子在做永不停息的无规则运动，它们是扩散现象与布朗运动。

扩散是指不同的物质在互相接触时彼此进入对方的现象。扩散现象可以发生在固体、液体、气体中。煤堆放在墙角，时间久了墙体内部也会变黑就是煤分子进入墙体造成的。清水中滴入几滴红墨水，过一段时间，水就都染上红色。将装有两种不同气体（比如空气和二氧化氮）的两个容器连通，经过一段时间，两种气体就会在这两个容器中混合均匀。扩散也是花香扑鼻的原因。扩散现象直接地说明了分子的无规则运动，同时也表明分子间有空隙，所以水和酒精充分混合，混合后的总体积会有所减小。

彩色墨水在水中扩散的过程十分美丽，但最后会混合均匀，可能变成黑色的液体

1827 年，英国医生、植物学家布朗用显微镜观察微生物的活动特征，他发现水中悬浮的花粉颗粒也在不停地运动。起初布朗以为花粉是有生命的个体，所以在水中“游动”。他把水换成酒精，又把花粉晒干，反复数次，希望彻底“杀死”花粉，却发现液体中的花粉颗粒还是在不停运动，换成其他无机物小颗粒一样“运动不止”。他把颗粒运动的轨迹记录下来，这些轨迹简直是一团乱麻——毫无规则可言，而且温度越高运动越剧烈，显然并不是生命体的运动方式。1828 年，布朗把花粉颗粒的运动写成论文：“重复观察多次后，我确信这些运动既不是液体流动造成的，也不是由液体逐渐蒸发引起，它们是花粉粒子本身的运动。”后来人们把这种微小颗粒的无规则运动称作布朗运动。布朗运动发现后的 50 年里，科学家们一直没有很好地理解其中奥秘。直到 1905 年，爱因斯坦从动力学平衡角度出发，建立了颗粒在液体中的扩散方程，揭示了流体甚至固体中微观粒子的运动机制：液体中花粉颗粒的布朗随机运动过程是单独水分子集合作用的结果，也就是说，布朗运动其实是花粉颗粒受水分子不均匀的撞击所致。布朗运动实际上间接反映了分子热运动现象，也证明了分子的存在。

天哪，花粉到我鼻子里做布朗运动了！阿嚏！——

冰棍上的白气与开水上的白气一样吗?

——常见的物态变化

物态

我们知道物质有三态——固态、液态和气态。你是否想过，浮在天空中的云属于哪一种状态?

云的形成是地球水循环重要的一环，阳光的能量使地球表面的水蒸发形成水蒸气，水蒸气上升进入大气层，渐渐达到饱和。如果水蒸气含量继续变大，水分子就会聚集在空气中的微尘（凝结核）周围，产生小水滴或小冰晶，大量的水滴或冰晶悬浮在天空中，将阳光反射和折射到各个方向，就产生了我们看到的云的外观。所以，云是水的固态和液态两种形态同时存在的混合体，组成云的小水滴或小冰晶体积都极小，像雾一样，肉眼很难看见单个颗粒。

固体有固定的体积和形状，还有热胀冷缩的特点。固体可分为晶体和非晶体。熔化成液体时有固定温度（熔点）的为晶体，如冰、食盐、各种金属。熔化时没有固定温度的为非晶体，如蜡、松香、玻璃、沥青等。

液体没有确定的形状，其体积很难被压缩。液体内部向各个方向都有压强，压强数值取决于液体种类和研究点的深度。液体表面存在表面张力，进而形成了一系列日常生活中可以观察到的特殊现象，如细管内的毛细现象、肥皂泡现象、液体与固体之间的浸润与非浸润现象等。

水银的非浸润现象

气体与液体一样是流体。气体与液体和固体的显著区别是气体分子之间间隔很大，可以被压缩。如果没有容器或力场的限制，气体可以扩散，其体积也就没有了限制。研究气体性质时经常用到“理想气体”的物理模型：忽略气体分子的自身体积和分子间的作用力，气体的内能就是所有分子的平均动能之和。一定质量的理想气体严格遵循气态方程，即压强和体积的乘积与热力学温度的比值为一个定值。

物态变化

夏季人们喜欢吃止渴解暑的食品，当你享用冰凉可口的冰棍时，有时会看到在其周围飘起了一些“白气”，这些“白气”是什么？稍加观察，你会发现生活中还有很多“白气”：冬天低温环境下人呼出的“白气”，开水壶的壶嘴冒出的“白气”，甚至夏天打开冰箱门也会有“白气”……那么，冰棍周围的“白气”与开水上飘动的“白气”一样吗？

水蒸气遇冷后会从气态变成液态，所以这些“白

气”是由小水珠构成的，这些现象都属于物态变化中的同一种——液化。物质以什么状态存在跟物体的温度有关，在一定条件下物质从一种状态变化到另一种状态的过程，叫作物态变化。物态变化会伴随着热量的转移。固、液、气三态间的物态变化共有六种：熔化、凝固、汽化、液化、升华与凝华。

熔化和凝固

物质从固态变为液态叫熔化，从液态变为固态叫凝固。冰雪消融、点燃的蜡烛“掉眼泪”等是熔化现象，冬天水结成冰、工厂里把钢水浇铸成各种零件等是凝固现象。

熔化和凝固互为可逆过程，物质熔化时要吸热，凝固时要放热。海鲜市场的摊贩常把海鱼放在冰块上保鲜，烙铁可以使金属锡熔化成液态，俗语有“下雪不冷化雪冷”，这些现象可以说明熔化吸热。火山爆发产生的岩浆有很大的破坏性，有经验的菜农冬天在地窖里放几桶水防止储存的蔬菜冻坏，炼钢炉旁的工人容易中暑，这些现象可以说明凝固放热。

汽化和液化

物质从液态变为气态叫汽化，从气态变为液态叫液化。

汽化分为蒸发和沸腾两种形式。蒸发是在任何温度下都能发生的、只在液体表面发生的缓慢的汽化现象，液体蒸发的快慢跟液体的温度、液体表面积的大小以及液体表面空气流动速度有关。沸腾是在一定温度下（沸点）液体表面和内部同时发生的剧烈的汽化现象。液体沸腾时温度保持在沸点不变，沸点与压强有关，压强越大沸点越高，高压锅煮饭快就是因为这个原理。湿衣服慢慢晾干，雨过天晴路面积水逐渐消失，沸腾的水继续烧会把水烧干，新鲜蔬果放久了容易干瘪，这些都是汽化现象。

想使气体液化，有两种方式：降低温度、压缩体积。通过降低温度能使所有气体发生液化，通过压缩体积可使大部分气体发生液化。生活中的燃气都是通过压缩体积的方式液化，以便储存和运输。各种“白气”的形成，夏天从冰箱中取出的饮料瓶过一会就满身是“汗”，冬天从寒冷室外进入温暖室内眼镜“起雾”，夏天的清晨花草上出现露水，冬天的清晨出现大雾天气，这些都是液化现象。

汽化和液化互为可逆过程，汽化吸热，液化放热。天气炎热时用湿毛巾擦脸会感觉凉爽，给发烧的病人手心脚心涂抹酒精可以降温，洗完澡不迅速擦干身体会感觉冷，狗没有汗腺只能通过伸出舌头加速体液蒸发，这些现象说明汽化吸热。加热水产生水蒸气蒸熟食物，被同温度的水蒸气烫伤比被开水烫伤更严重，这些现象说明液化放热。

冰箱制冷的过程是这样的：液态制冷剂在管道内流动，经过冷冻室区域迅速汽化吸热，使冷冻室温度降低。之后气态制冷剂被压缩机抽走，压入冷凝器液化，并通过散热管将吸收的热量释放，所以冰箱侧面经常摸起来很热。

火箭发射时高温火焰向下喷射会使发射台支架熔化。为了保护发射台，人们在火箭下方建造出一个大水池，这样火焰喷射到水中，水吸收大量热迅速汽化。水蒸气在上升过程中，遇冷又液化成小水珠，所以火箭升空瞬间，下方有庞大白色气团迅速扩展，这个现象就是这样形成的。

还有一个问题：冬天烧水时我们看到的“白气”要浓一些，而夏天这些“白气”会少一些，想一想这是为什么呢？

升华和凝华

物质从固态直接变为气态叫升华，从气态直接变为固态叫凝华，升华吸热，凝华放热。衣柜里的樟脑丸变小，舞台上用干冰（固态二氧化碳）制作出云海效果，冬季冰冻的衣服也能慢慢变干，这些是升华现象。北方冬天窗玻璃内表面的冰花，以及雾凇、霜、雪的形成是凝华现象。用久了的白炽灯灯泡玻璃内壁变黑是因为使用时钨丝先升华，然后又凝华，附在了灯泡的玻璃壁上。

干冰烟雾

利用升华吸热的特性，人们在制作冰激凌时加入干冰，可使冰激凌不易融化，特别适合外卖冰激凌的冷藏及运输。在空中喷洒干冰是人工降雨的一种方法，干冰升华吸收热量，使空气中的水蒸气凝华成小冰粒，冰粒下降过程中熔化变成雨滴。也就是说，人工降雨过程包含升华、凝华和熔化三种物态变化。

热现象的本质与规律

——热力学定律

如今我们对“热”的直接应用主要表现为两大方面：一是加热或冷却物体，二是用“热”来做功转化为其他能量。在热传递和做功过程中物体本身的能量也在改变，而这一切都遵循热力学的基本定律。热力学一共有四个最基本的定律——第一、第二、第三以及第零定律，科学家们为这些定律的发现和确立付出了巨大的努力。

热力学第一定律

热力学第一定律指出了热传递和做功与物体内能改变的数量关系。内能指的是物体内所有分子热运动的能量总和。内能是物体的一种固有属性，一切物体都具有内能。在热传递过程中转移的内能叫作热量。内能是状态量，热量是过程量。

知识卡片

热力学第一定律的内容是：外界对物体所做的功 W 加上物体从外界吸收的热量 Q，等于物体内能增加量 ΔU，即 $\Delta U=Q+W$。在这个表达式中，当外界对物体做功时 W 取正，物体克服外力做功时 W 取负。当物体从外界吸热时 Q 取正，物体向外界放热时 Q 取负。ΔU 为正表示物体内能增加，ΔU 为负表示物体内能减小。

热力学第一定律是不同形式的能量在传递与转换过程中守恒的定律，其推广和本质就是著名的能量守恒定律。热力学第一定律更易于被人理解的表述形式是：热量可以从一个物体传递到另一个物体，也可以与机械能或其他能量互相转换，但是在转换过程中，能量的总值保持不变。

热力学第一定律（能量守恒与转化定律）的建立与发展主要归功于三个人：德国的迈耶、亥姆霍兹和英国的焦耳。迈耶是一位德国医生，一次远航时他注意到人生活在热带和温带时静脉血液的颜色不同。经过进一步的研究，他提出了热和机械能的相当性和可转化性，并粗略地给出了热功当量（热和机械功可以互相转化，在转化过程中存在有当量关系）。但迈耶的聪明才智不为世人所理解，反而遭到世俗的偏见，倒霉事一件接着一件。两个孩子先后夭折，兄弟因革命活动而被捕入狱。在极度的精神压力下，迈耶跳楼自杀未遂，但摔断了双腿，后来又被送入精神病院，备受折磨。唯一庆幸的是，迈耶晚年终于看到了自己的成就被世人认可。对热力学第一定律做出全面且精确的论述的是亥姆霍兹。1847 年，26 岁的亥姆霍兹写成了著名论文《力的守恒》，充分论述了这一热力学命题。而在这一定律的实验验证工作上，焦耳则做出了巨大贡献。焦耳建立了能量转化和等价的普遍概念，并进行了大量的热功当量实验，他以精确的数据，为热和功的相当性提供了可靠的证据，使热力学第一定律确立在牢固的实验基础之上。

热力学第二定律

热力学第二定律阐述了一个重要的事实——自然界中进行的涉及热现象的宏观过程都具有方向性。热力学第二定律的建立主要归功于两个人：法国的卡诺和德国的克劳修斯。

1824 年，法国工程师萨迪 · 卡诺提出了卡诺定理。当时能量概念尚未提出，流行的热学理论是热质说。卡诺用错误的热质说证明了他著名的卡诺定理（定理是正确的）：工作在温度为 T_H 的高温热源和温度为 T_C 的低温热源之间的所有热机的效率 $\eta \leqslant 1-\frac{T_C}{T_H}$（等号对应理想的可逆过程，小于号对应不可逆过程）。这一定理其实也是热力学第二定律的一种表述，即热机的效率不可能达到 100%。1850 年，德国科学家克劳修斯提出了第二定律的标准说法："热量只能自发地从高温物体流向低温物体，而不能自发地从低温物体流向高温物体。"实际上，1851 年，英国物理学家开尔文也几乎同时独立发现了热力学第二定律，他的表述是"不能从单一热源吸热做功，而不对外界产生影响"。基于以上谈到的热力学第二定律的建立过程，现在的中学物理书中给出了定律的两种表述。

知识卡片

热力学第二定律的第一种表述：不可能使热量由低温物体传递到高温物体，而不引起其他变化（即克劳修斯表述，热传导的方向性角度）。第二种表述：不可能从单一热源吸收热量并把它全部用来做功，而不引起其他变化（即开尔文表述，机械能和内能转化过程的方向性角度）。

以上两种表述在理念上是相同的，或者说是等效的。热力学第二定律在历史上的重要影响是指出第二类永动机不可能制成。第二类永动机是指从单一热源取热，使之完全变为有用功而不产生其他影响的机器，就是效率为100%的热机。它并不违背能量守恒定律（热力学第一定律），但却违背了热力学第二定律。由于永动机天生而来的诱惑，有不少人怀疑第二定律的正确性而去尝试做第二类永动机，当然这些人的所有尝试都以失败告终。也许还应该有一条定律：热力学第二定律是不可推翻的！

我们错了，再也不造永动机了……

热力学定律彻底否定了永动机构想，为热机设计提供了指南，并促进动力工业朝着正确的方向发展起来。

热力学第三定律

热力学第三定律描述的是所有热力学系统存在的极限。这个定律是德国物理化学家能斯特于1912年提出的，也称为能斯特定理或能斯特假定。

知识卡片

热力学第三定律的内容是：不可能用有限个手段和程序使一个物体冷却到绝对零度。通俗说法是：绝对零度是达不到的。

有意思的是，起初能斯特是从热力学第二定律推导出这条定律的，但爱因斯坦指出能斯特的推导有问题，然而结论是正确的——能斯特发现的是一条独立定律，不能从第二定律推出。于是，人们把能斯特发现的这条定律称为热力学第三定律。

我们来做一些分析论证。如果绝对零度能够达到，我们可以把一个热机建立在温度为T_H的高温热源和温度为$T_C=0$的低温热源之间。根据卡诺导出的公式，可逆热机的效率$\eta=1-\frac{T_C}{T_H}=1$。这表明热机从高温热源吸热，全部转化为对外做功，没有给低温热源传递热量，这相当于从温度为T_H的单一热源吸热，使之全部转化为功，而且对外界不产生任何其他影响。这违背了热力学第二定律。我们也可以反过来思考，如果热力学第二定律成立，则上述例子不应出现，也就是说绝对零度不可能达到。这样，我们似乎从第二定律推出了第三定律，即第三定律看起来是第二定律的一条推论。但事实是，我们从来没有达到过绝对零度，而我们总结出来的所有实例都是在绝对零度之上的环境下发生的。第二定律对于绝对零度是否成立，我们完全不知道，因此不能把规律随意推广到零温极限情况。这就是说，卡诺定理是否在绝对零度时成立，需做假定。第三定律正是我们做的与此有关的假定，所以第三定律不能看成是第二定律的推论，它必须看成是一条独立的热力学定律。

根据热力学第三定律，绝对零度下，一切物质分子都将停止运动。绝对零度虽不能达到，但可以无限趋近，目前的绝热去磁方法甚至可以达到 10^{-10}K 数量级的极限低温，因为与人类的生活世界相去甚远，还真是难以想象呢。

热力学第零定律

热力学第一定律的发现者有三个，第二定律的发现者有两个，第三定律的发现者只有一个，依次类推，第四定律的发现者只能是零个——所以没有热力学第四定律！这是来自物理学界的玩笑。热力学确实没有第四定律，却有第零定律。这条定律由英国物理学家拉尔夫 · 福勒于 1939 年正式提出，晚于热力学第一和第二定律八十多年，晚于第三定律二十多年。虽提出最晚，但按照理论体系，它是其他几个定律的基础，所以称为热力学第零定律，是一条关于热平衡的定律。

知识卡片

热力学第零定律的内容是：如果两个热力学系统中的每一个都与第三个热力学系统处于热平衡，则它们彼此也必定处于热平衡。通俗地说，第零定律指出了热平衡具有传递性：A、B、C 三个物体，如果 A 与 B 达到热平衡，B 与 C 达到热平衡，则 A 与 C 就一定达到热平衡。

热力学第零定律的重要性在于给温度的定义和测量方法提供了理论基础，一切互相平衡的体系具有相同的温度，所以，一个体系的温度可通过另一个与之平衡的体系的温度来表示，也可通过第三个热平衡体系的温度来表示。温度计的设计即基于此：测温物质、测温物质的容器和容器外的空气三者处于热平衡态，因此测温物质的温度就等于气温。

火焰山为何如此火热
——比热容

《西游记》中的“三借芭蕉扇”，讲述了唐僧师徒西天取经路上途经火焰山的故事。故事中神秘的火焰山地处中国新疆的吐鲁番盆地北缘，这里临近沙漠，降雨寥寥，加之日照时间长，夏季十分炎热。白天最高气温可达50℃以上，地表最高温度竟然有80℃，在沙窝里可以烤熟鸡蛋，而夜晚温度又降到20℃左右，昼夜温差大，适合葡萄、哈密瓜的生长。与火焰山相反的是沿海或海岛地区，比如位于太平洋中部的夏威夷群岛，是世界著名的旅游胜地，这里全年气温变化不大，四季气温都在15~32℃之间，海风轻拂，气候宜人，人们甚至察觉不到季节变化。沿海与沙漠的气候为什么会如此不同？学习了比热容的有关知识，就能揭开谜底了。

知识卡片

一定质量的某种物质在温度升高时吸收的热量，与其质量和升高温度的乘积的比值，叫作这种物质的比热容，简称比热。比热容是物质的一种性质，反映了物质吸热与放热能力的强弱，用符号 c 表示，单位为J/(kg·℃)或J/(kg·K)。

各种物质都有自己的比热容，比热容大小只与物质种类和状态有关，与物质质量、形状、放置地点、温度及温度变化量、吸收或放出热量多少均无关。不同物质比热容一般不同，因此也可以用比热容来鉴别物质。比热容在数值上等于单位质量的某种物质温度升高1℃所吸收的热量，因此有 $Q=cm\Delta t$，其中 Q 为物体吸收或放出的热量，m 为物体质量，Δt 为吸热或放热前后物体的温度差。

比热容反映了物质的吸（放）热能力，相同质量物质升高相同温度，比热容越大，需要的热量越多。另一方面，比热容也反映了物质吸热或放热后温度改变的难易程度，比热容大的物质吸收或放出相同热量，温度改变较小，故比热容大的物质，温度改变起来相对困难。

常温下，常见的天然物质中，水的比热容较大，为 4.2J/(kg · ℃)（仅有几种气体的比热比水大，氢气 14.3，氦气 5.2，液氨 4.6）。水的比热容是砂石的 14 倍，对气候变化有显著影响。相同质量的水和砂石，要使它们上升同样的温度，水会吸收更多的热量；如果吸收或放出的热量相同，水的温度变化比砂石小得多。夏天，阳光照在海上，尽管海水吸收了许多热量，但是由于它的比热容较大，所以海水的温度变化并不大，海边或海岛的气温变化也不会很大。而在沙漠地区，由于砂石的比热容较小，吸收同样的热量，温度会上升很多，所以沙漠的昼夜温差很大。内陆地区与沿海地区的气候差异也是如此，内陆夏季比沿海炎热，冬季比沿海寒冷。

目前，中国城市发展迅速、人口密集，工业与交通废气大量排放，而且城市建筑大多由砖石、钢筋、混凝土建成，在温度的空间分布上，城市犹如一个热气腾腾的岛屿，形成所谓的城市热岛效应。这该如何缓解呢？主要途径就是为城市加“水”。如果能在城市附近建一个水库，就相当于给城市安装了一个“空调”。但是建造水库不是每个城市都可行，增加城市绿化是更常见的手段。绿化带涵养的水源相当于一座水库，同样能使城区夏季的高温下降，可以有效缓解日益严重的热岛效应。

“热死啦！再多来点树吧！”

水的比热容大，这一点在生活中很多方面都有应用。农业生产中，每年三四月为防稻苗霜冻，普遍采用“浅水勤灌”方法。傍晚在秧田里灌一些水过夜，第二天太阳升起时，再把秧田中的水放掉。利用水比热容大的特性，在夜晚降温时为秧苗保温，使其温度下降减少。其他例子还有中国北方房屋中的暖气用水作为介质，汽车发动机和工厂车床的冷却系统使用水作为冷却液，等等。

汽车发动机的工作原理
——内燃机小知识

从蒸汽机到内燃机

汽车前进的动力来自发动机，发动机是如何工作的呢？有的同学可能会说，靠烧汽油嘛！的确，汽车发动机是利用燃料燃烧释放的能量带动整车前进的，其原理虽简单，过程却不简单。这其中的科技发展历史同样充满曲折。

瓦特

将热能转换为机械能的机械称为热机。蒸汽机被称为第一次工业革命的动力源，它属于热机中的外燃机。汽车工业广泛使用的汽油发动机、柴油发动机则属于热机中的内燃机。人们对热机的制造和研究由来已久。中国南宋初期出现的走马灯是世界上较早的热机（涡轮机）雏形，只不过当时是作为玩具出现的。17 世纪，由于采矿工业的发展，英国人萨佛里于 1698 年制成了用于矿井抽水的蒸汽水泵，它能够将矿井里的水抽出来，被称为“矿工之友”。它有燃料、蒸汽、活塞，是一架原始的蒸汽机，但活塞每抽一下就得用冷水泼一下，让蒸汽凝结。然后下一次抽动活塞前又得加热，很是麻烦。这种蒸汽机被使用了大半个世纪，直到 1776 年瓦特经过漫长的努力，使制造蒸汽机的工艺水平获得突破性提升，最终完成第一台有实用价值的蒸汽机。后来又经过一系列重大改进，使之成为“万能的原动机”，在工业上得到广泛应用。瓦特付出的艰苦努力和他的发明成就，使人们公认他是带领人类进入蒸汽时代的伟大发明家。为了纪念瓦特，国际单位制中的功率单位以他的姓氏命名。

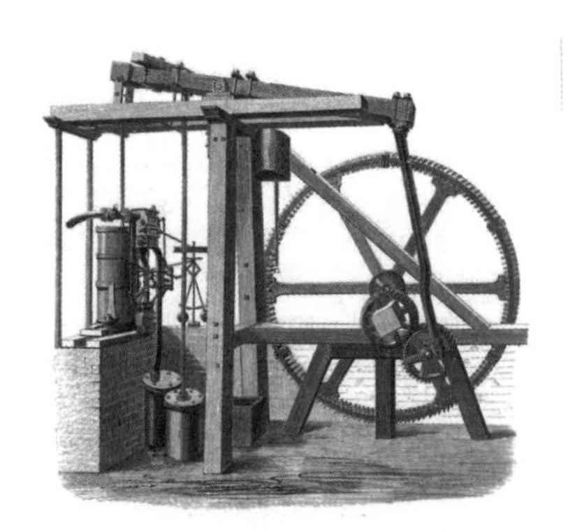
瓦特发明的蒸汽机

蒸汽“炮弹”

热机的原理可以借用一个简单的例子来说明。如果用橡胶塞塞紧试管口，用酒精灯加热试管中的水，酒精燃烧释放出的热量会通过热传递部分转移给水。水的温度升高，产生的水蒸气也越来越多，最终水蒸气将对橡胶塞做功，使塞子飞出去。同时，试管口附近会出现大量“白气”，这是因为水蒸气对外做功，内能减少，温度降低，所以水蒸气液化成了小水珠，出现“白气”。

试管口不要对着人哦！

内燃机是指燃料直接在机器内部燃烧产生动力的热机，分为汽油机和柴油机两大类。1862 年，法国工程师德罗夏在本国科学家卡诺热力学研究的基础上，提出了四冲程内燃机的工作原理：活塞下移、进燃料；活塞上移，压缩气体；点火，气体迅速燃烧膨胀，活塞下移做功；活塞上移，排出废气。四个冲程周而复始，推动机器不停地运转。德罗夏只是天才地提出了四冲程的内燃机理论，而将这一理论变为现实的是德国发明家奥托。1876 年，奥托设计制成了第一台以煤气为燃料的四冲程内燃机。它具有体积小、转速快等优点，后来这种机械常用汽油作为燃料，所以又叫汽油机，广泛应用在汽车、飞机、摩托车和小型农业机械上。随后德国人狄塞尔提出压燃式内燃机原理，并于 1897 年成功制造出以柴油为燃料的柴油机。

四冲程内燃机的原理

四冲程内燃机是如何把燃料的热能（内能）转化为机械能的？为什么能够连续工作？想弄懂这些问题，需要对它的结构和工作过程有一定了解。下面以四冲程汽油机为例，看看它是如何工作的。

四冲程汽油机由曲轴、连杆、活塞、进气门、排气门、汽缸（指活塞所在的圆柱形空腔）、火花塞等主要部分组成。它的一个工作循环包括四个冲程：进气冲程、压缩冲程、做功冲程和排气冲程。一个工作循环内曲轴旋转两周。

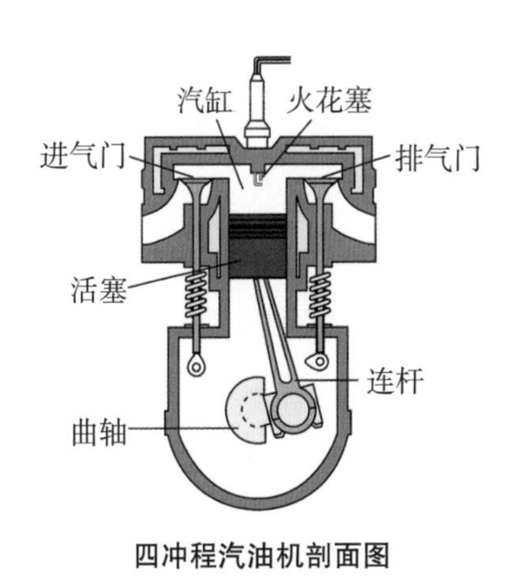

四冲程汽油机剖面图

进气冲程

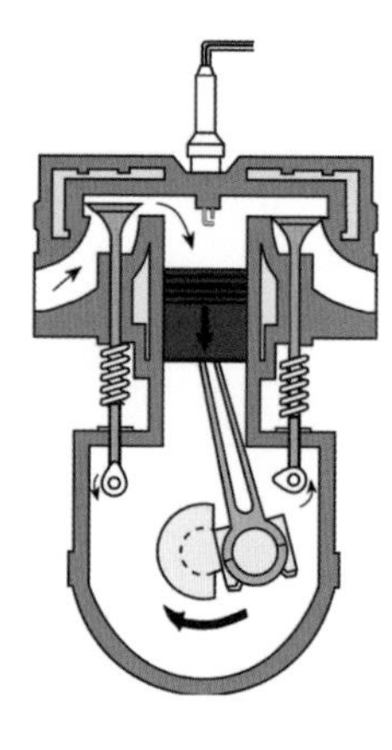

进气门开启，排气门关闭，活塞由上止点向下止点移动，活塞上方的汽缸容积增大，产生真空度，汽缸内压力降到进气压力以下。在真空吸力作用下，通过化油器或汽油喷射装置雾化的汽油与空气混合形成可燃混合气，由进气门吸入汽缸内。进气过程一直延续到活塞到下止点，进气门关闭为止。

压缩冲程

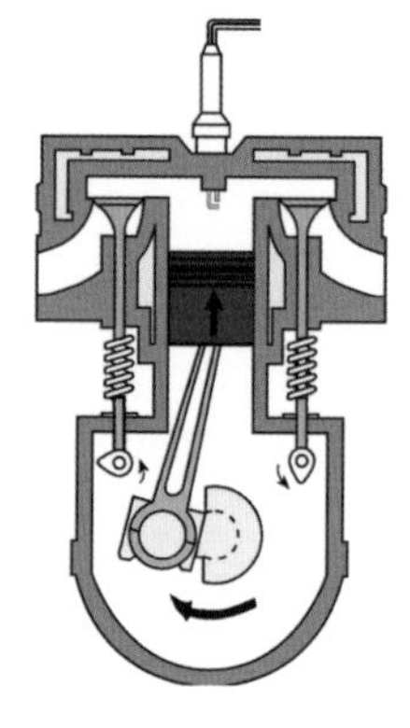

进、排气门已全部关闭，曲轴带动连杆推动活塞上行，开始压缩缸内可燃混合气。混合气温度升高，直至活塞到达上止点，压缩冲程结束。此过程曲柄连杆机构的机械能转化为可燃混合气内能，混合气温度可达 330~430℃。

做功冲程

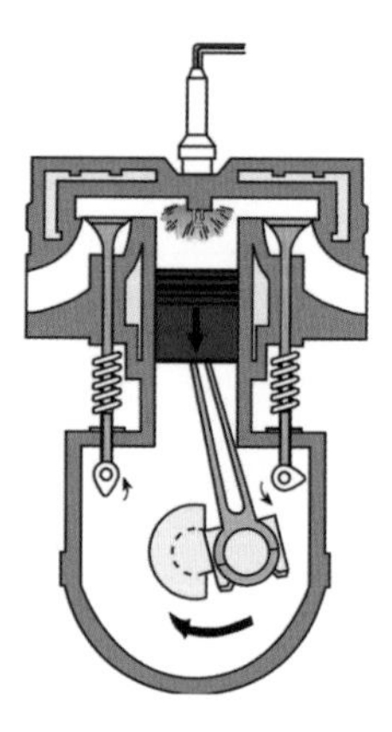

活塞到达上止点时，进、排气门仍处于关闭状态，装配在汽缸盖上方的火花塞发出电火花，点燃压缩的可燃混合气。可燃混合气燃烧放出大量热，缸内燃气压力和温度迅速上升，最高燃烧压力在 3~6Mpa 之间，最高燃烧温度在 1900~2500℃之间。高温高压燃气推动活塞快速向下止点移动，通过曲柄连杆机构对外做功。此过程气体内能转化为曲柄连杆机构的机械能。

排气冲程

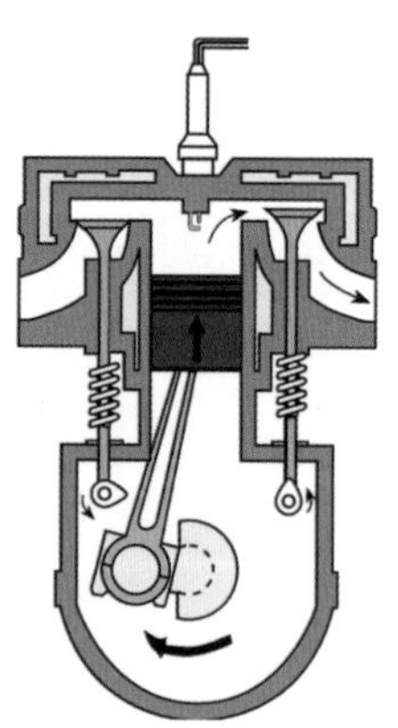

做功行程终了活塞到达下止点时，进气门关闭，排气门开启，这时缸内压力高于大气压力，高温废气迅速排出汽缸。先是自由排气阶段，高温废气以音速通过排气门排出。后是强制排气阶段，活塞向上止点移动，强制将缸内废气排出。活塞到达上止点时，排气过程结束，排气门关闭。排气终了，汽缸内气体压力稍高于大气压力，废气温度为 600~900℃。此时一个工作循环结束，同时为下一工作循环做好了准备。当下一循环的进气冲程结束，汽缸内气体温度降至 100~170℃。

这个工作循环巧妙地利用了能量转化，使发动机能够持续运转。四冲程柴油机工作原理与汽油机相同，不同的是柴油机进气行程进的是纯空气，在压缩行程接近上止点时，由喷油器将柴油喷入燃烧室，由于这时汽缸内的温度已远远超过柴油自燃温度，喷入的柴油经过短暂的着火延迟后，自行着火燃烧对外做功。也就是说，汽油机和柴油机的主要不同是：结构上，汽油机有火花塞，柴油机是喷油嘴；点火方式上，汽油机是点燃式，柴油机是压燃式；吸入气体构成上，汽油机在吸气冲程中吸入汽油和空气的混合物，柴油机吸入空气。另外，柴油机对空气压缩程度比汽油机更高，在做功冲程中气体压强也大于汽油机，因而可以输出更大的功率。柴油机实际多用于大型机械，如坦克、载重汽车等，而汽油机较为轻便，多用于小型机械，如摩托车、小汽车等。

脑洞物理学

Task1 饶舌物理学——“蒸气”“蒸汽”？“熔化”“溶化”“融化”？

物理学使用的专业用语与生活用语有时相通，有时界限分明。如“蒸气”和“蒸汽”在物理学中都会使用，但含义不同。而在“熔化”“溶化”和“融化”三个词中，物理学使用最多的是“熔化”，化学使用最多的是“溶化”，“融化”则在语文中应用较多。请你查阅词典或资料，弄清它们的含义与区别。

Task2 不讲道理的气球

取两只相同的气球，吹气口套上橡皮管或吸管，然后分别向两只气球内吹气，一只吹得大一些，一只小一些。把两只气球连通起来（中间的管上可用小夹子控制），连通后哪个气球会变得更大？试试看。

（提示：极限思维的使用。设想大气球极大，大到包含了整个地球上的大气。把一个小气球的开口打开，这等效为与地球的大气连通，结果自然是小气球越变越小了。）

Task3 自制简易温度计

利用热胀冷缩原理，用塑料瓶、透明吸管、墨水、酒精（或水）等材料制作简易温度计，并参考标准温度计进行定标。将定标后的温度计与标准温度计做测温对比，看看误差大不大（如果定标定得好，误差就不会太大）。尝试独立完成设计、选材、制作、定标的全过程，不懂之处可以向老师请教或查阅资料。

Task4 反常天气调查小队出动！

古有“六月飞雪”“无夏之年”，今有“晴天霹雳”“罕见暴雪”，全球各地多次出现反常的恶劣天气。查阅气象部门网站资料，调查统计近两年的反常天气，包括时间地点、反常表现、持续时间、带来的影响或后果、当地应对措施、人员或经济损失等。试着思考天气反常的原因，尤其是人为因素，对如何干预人类活动以避免灾害再次发生提出自己的建议。

学霸笔记

1. 分子动理论

物体是由大量分子组成的，分子永不停息地做无规则的运动（热运动），分子间存在相互作用力。

一般分子直径的数量级是 10^{-10}m，分子质量的数量级是 10^{-26}kg。阿伏伽德罗常量是联系宏观量和微观量的桥梁，用符号 N_A 表示，N_A 可取 $6.02\times10^{23}mol^{-1}$。1mol 的任何物质中含有粒子数都相同。

扩散现象和布朗运动证明分子永不停息地做无规则运动。扩散现象是指相互接触的物体互相进入对方的现象，温度越高，扩散越快。布朗运动是小颗粒受到周围分子热运动的撞击引起的，不是分子的无规则运动，而是分子做无规则运动的反映。布朗运动的特点是：永不停息的无规则运动；颗粒越小运动越剧烈；温度越高运动越剧烈；运动轨迹不确定。

分子间同时存在相互作用的引力和斥力，分子力是指分子间引力和斥力的合力。分子间的引力和斥力都随分子间距离增大而减小，随距离减小而增大，但总是斥力变化得更快。

2. 温度与内能

宏观上，温度是物体的冷热程度；微观上，温度是分子平均动能的标志。分子动能是分子无规则运动的动能，包括平动、转动、振动的能量。分子势能是由分子相对位置、分子力决定的能量。内能是指物体中所有分子热运动的动能和分子势能的总和，任何物体都有内能。

3. 晶体与非晶体

	晶体（单晶体、多晶体）	非晶体
外形	规则	不规则
熔点	确定	不确定
物理性质	各向异性	各向同性
原子排列	有规则，但多晶体每个晶体间的排列无规则	无规则
典型物质	石英、云母、食盐、硫酸铜	玻璃、蜂蜡、松香
形成与转化	有的物质在不同条件下能够形成不同形态。同一物质可能以晶体和非晶体两种不同形态出现，有些非晶体在一定条件下也可转化为晶体	

4. 液体的表面张力

液体的表面张力使液面具有收缩的趋势，方向跟液面相切，与液面的边界线垂直。液体温度越高，表面张力越小；密度越大，表面张力越大。液体中溶有杂质时，表面张力变小。

5. 理想气体

理想气体是不考虑分子势能的气体，是一种经科学的抽象而建立的理想化模型，实际中不存在。但实际气体，特别是那些不易液化的气体，在压强不太大、温度不太低时，都可作为理想气体来处理。一定质量的理想气体满足状态方程：$\frac{pV}{T}=C$（恒量），即$\frac{p_1V_1}{T_1}=\frac{p_2V_2}{T_2}$。

6. 热力学定律与永动机

热力学第一定律：一个热力学系统的内能增量等于外界向它传递的热量与外界对它所做的功的和，即 $\Delta U=Q+W$。热力学第一定律是能量守恒定律的表现形式之一。

做功 W	外界对物体做功	$W>0$
	物体对外界做功	$W<0$
吸放热 Q	物体从外界吸收热量	$Q>0$
	物体向外界放出热量	$Q<0$
内能变化 ΔU	物体内能增加	$\Delta U>0$
	物体内能减少	$\Delta U<0$

热力学第二定律：热量不能自发地从低温物体传到高温物体。

热力学第三定律：绝对零度是达不到的。

热力学第零定律：A、B、C 三物体，若 A 与 B、B 与 C 分别达到热平衡，则 A 与 C 一定达到热平衡。

第一类永动机：不消耗任何能量却源源不断对外做功的机器。不能制成的原因是违背能量守恒定律。

第二类永动机：从单一热源吸收热量并把它全部用来对外做功而不引起其他变化的机器。不能制成的原因是违背了热力学第二定律。

06 声与光

不一样的物理课

Physical

To 同学们：

清晨，闹钟的声音将你唤醒，你睁开眼，又看到了身边熟悉的一切。夜晚，高大的建筑物屋顶上射出的光束刺破夜空，光怪陆离的霓虹灯装点着繁华的都市，人们从喧嚣嘈杂的环境逐渐回到安静的家中。此时，郊外的人们可能正沐浴在明亮的月光里拉着家常，远处不时传来狗的叫声，田野里蛙声、虫声此起彼落……我们生活在一个有声有色的缤纷世界里，正因为有了声和光，世界才如此美丽。

声和光的世界真是奇妙！声音为什么有高有低，白色光又为何能折射出七种色彩？佩戴专用眼镜后就能看到 3D 电影，这是什么道理？又有哪些声音是我们听不到的，有哪些光是我们看不到的？声和光的知识和应用在我们身边处处可见，让我们一起走进“有声有色”的声光世界吧！

本章要点

- 声音、声波与声速
- 音调、响度与音色
- 超声波与次声波
- 多普勒效应
- 光的色散与颜色
- 光的反射
- 光的折射
- 光的干涉
- 光的偏振
- 红外线、紫外线与 X 射线

夜半钟声到客船
——声波

声音是什么？

“声音”对我们来说，可能再熟悉不过了，可是如果让你为它下一个定义，似乎又没有那么简单。

知识卡片

声音是由物体振动产生的声波通过介质（空气或固体、液体）传播并被人或动物听觉器官感知的物理现象。物体的任何周期振动都可以产生声音，如敲击音叉、拨动琴弦、擂起战鼓等。

声音是一种波。发声物体振动后，由于周围物质微粒的弹性和惰性形成疏密相间的波动，这就是声波。

月球表面是真空，所以听不到声音哦

声波从振动声源出发，顺序地从一个微粒传到另一个微粒，以一定声速向各方面传播。气体、液体、固体微粒都可以成为声音传播的媒介。没有介质声音是无法传播的，所以真空不能传声。人耳听到的声音是通过空气传播的，水中的鱼通过液体传播听到声音，贴在地面的蛇通过固体传播听到声音。

声音在不同介质中的传播速度不同。声音传播速度与介质种类、温度、密度等因素有关。即便是同一种介质在温度不同时，声音在其中的传播速度也不同。一般情况下，声音在固体中传播最快，液体中次之，气体中最慢。

介质	声速 /$m \cdot s^{-1}$	介质	声速 /$m \cdot s^{-1}$
空气（15℃）	340	空气（25℃）	346
水（常温）	1500	海水（25℃）	1530
尼龙	2600	冰	3160
松木	3320	大理石	3810
水泥	4800	钢铁	5200

声波的反射、折射与衍射

声波是“波”家族中的一员，具备波的基本特征，包括反射、折射、衍射等。

“长啸一声，山鸣谷应”，说的是声音在山谷之间发生多次反射，形成回声。人们对回声现象的研究和利用由来已久，北京天坛公园著名的“回音壁”“对话石”和“三音石”都巧妙利用了回声现象。人耳能辨别出回声的条件有两个：回声具有较大能量到达人耳，且回声与原声时差大于 0.1 秒。若二者传播时间差在 0.1 秒内，回声和原声就混在一起，人耳不能分辨，但回声加强了原声。当反射面尺寸远大于入射声波波长时，听到的回声最清楚。空气中声速为 340m/s，若要听到自己的回声，则要求反射面与发声人距离大于 17 米，想一想这是怎么算出来的呢？

1912 年，号称“永不沉没”的著名英国邮轮“泰坦尼克”号在其首航赴美途中发生了与冰山相撞而沉没的悲剧。这次海难事件引起全世界关注，为了寻找沉船，美国科学家设计并制造出第一台测量水下目标的回声探测仪，用它在船上发出声波，然后用仪器接收障碍物反射回来的声波信号。之后，测量发出信号和接收信号的时间间隔，根据水中声速就可以计算出障碍物距离和海底深浅。第一台回声探测仪于 1914 年成功发现了 3 千米以外的冰山。实际上，这就是被广泛应用于国防、海洋开发事业的声呐装置的雏形。

鲸鱼和蝙蝠一样用生物声呐定位捕猎，海洋中的人工声呐会干扰它的狩猎行为

唐诗中的名句“姑苏城外寒山寺，夜半钟声到客船”暗含了一个事实：钟声在夜晚和清晨比白天听得更清楚，这是为什么呢？有人说这是因为夜晚和清晨的环境安静，白天声音嘈杂的缘故。这样的解释只说对了一部分，其实主要原因是声音会“拐弯”。这是怎么回事？声音有个怪脾气，它在温度均匀的空气里笔直传播，一碰到空气温度有高有低，它就爱挑温度低的地方走，于是声音就拐弯了。这是声音的折射现象。白天，太阳把地面晒热了，接近地面的空气温度比空中的高。钟声发出以后，传不了很远就往上拐到温度较低的空中去了，因此在一定距离以外的地面上听起来不清楚，再远人们就听不到这个声音了。在夜晚和清晨情况则相反，接近地面的气温比空中低，钟声传出后就顺着温度较低的地面推进，于是人们在很远以外也能清晰地听到钟声。

“隔墙有耳”“闻其声而不见其人”说的都是声音的衍射现象。任何波都具有衍射的性质或者说衍射的能力。衍射指波在传播途中遇到障碍时偏离原来的直线继续传播的现象。波能发生明显衍射的条件是，障碍物的尺寸与波长相近，甚至比波长更小。

从分贝说起
——声音的三要素

有的人喜爱音乐，甚至走路时也要戴上耳机体验美妙的乐声。我们知道，较强的噪音会给人耳带来伤害，但其实好听的音乐也一样，当音量达到一定数值，就会导致我们的耳蜗损伤。那么音量多大才合适？建议在 60 分贝以内。给你一个可操作的标准：如果你戴着耳机还可以听到旁边的人正常说话，即耳机里的声音不妨碍彼此间的交流，这就是一个合适的音量。如果连旁边人说话都听不到了，耳机里的声音就超过 80 分贝了，这时听力的慢性损伤已产生并开始累积。听力的慢性损伤是一种渐进性的不可逆损伤，就像温水煮青蛙，一开始浑然不觉，一经发现为时已晚，没有办法能使听力再恢复到正常水平了。此外，给你一个小建议——千万别戴着耳机睡觉。

那么，分贝是什么呢？分贝是响度的具体数值，而响度是声音的三要素之一。

从波的角度来说，声波可以用频率、振幅等来描述。对于人的听觉来说，声音要通过音调、响度和音色来描述，它们合称声音的三要素。

音调

音调即声音的频率，单位是赫兹。音调由声源的频率决定，声源振动越快，音调越高；声源振动越慢，音调越低。音调体现为声音的高低，比如歌唱家中的男低音、女高音，又如年长者声音低沉，小孩子声音清脆。有生活经验的人向暖水瓶中倒水时，听声音就能知道水是不是满了，这是因为不同长度的空气柱振动发声频率不同，空气柱越长，音调越低。暖水瓶中水越多，空气柱就越短，发出的声音音调也就越高，尤其水要满时音调陡然升高，所以通过听音调高低变化可判断倒水的情况。

响度

响度，俗称音量，是人主观上感觉到的声音的大小，由声波振幅和人耳到声源距离决定，大小用分贝（dB）数来体现。分贝不是一个单位，而是一个数值，用来量化声音的大小。生活中的声音各式各样，若以声压（大气压受到声波扰动后产生的变化）值表示，变化范围可达六个数量级（百万倍）以上，表示起来不方便。另一方面，人体听觉对声信号强弱的刺激反应也不是线性的，而是成对数比例关系（10 的常用对数为 1，100 的常用对数为 2，依次类推）。于是，分贝数定义为声源功率与基准声功率比值的对数乘以 10 的数值。从分贝的定义来看，音量增加 10 分贝相当于声音蕴含的能量（功率）变为原来的 10 倍，所以分贝较高时，人耳接收的声波能量很大。人们把理论上能听到的频率为 1000Hz 的最小音量定义为 0 分贝。人正常说话时的音量约为 50 分贝，空气中能产生的最大音量为 194 分贝。

分贝值	声音描述	分贝值	声音描述	分贝值	声音描述
-30dB	30 千米外人的说话声	40dB	电冰箱工作的声音	90dB	食物搅拌机工作，3 米外经过的重型卡车的声音
0dB	3 米外蚊子飞动的声音	40~60dB	室内谈话	100~110dB	气压钻机钻墙，电锯锯木头，演唱会
10dB	极其安静的房间	60~70dB	大声说话，闹市区、大型商场	120dB	100 秒就能引起人暂时性耳聋
0~10dB	人的听觉下限	75dB	人耳舒适度上限	120~140dB	飞机起飞，火箭发射，球迷呐喊
15dB	1 米外的曲别针从 1 厘米高度落地的声音	70~80dB	嘈杂喧闹的街道，高速公路汽车经过	160dB	可瞬间穿破人的耳膜
20~30dB	非常安静的夜晚，窃窃私语	85dB	耳蜗内的毛细胞开始受到破坏	170dB	100 米外 1 吨 TNT 炸药爆炸

音色

音色又称为音品。物体振动时发出的声音包含基音和泛音两部分，泛音的多寡及各自的相对强度决定了声音的音色不同。如同“世上没有两片完全相同的树叶”一样，天下也没有两个完全相同的声音。不同的人发出的声音音调、响度有可能相同，但音色绝不会相同。正因如此，和你朝夕相处的几个同学在室外说话时，你通过听声音就可以知道说话的人是谁，所谓“闻其声知其人”。

听不到的声音
——超声波与次声波

“原来你不会说话！”“我会说，你才不会！”

1794 年，一位意大利生物学家做了这样一个实验：他在房间里挂了许多铃铛，然后让蝙蝠在房间中自由地飞。第一次对蝙蝠无任何限制，铃铛未响；第二次蒙住蝙蝠的眼睛，铃铛也未响；第三次塞住蝙蝠的耳朵，结果房间中的铃铛响了。这一实验发现，蝙蝠对物体的定位并不是依靠视觉，而是用一种我们人类听不到的声音探路。人们这才意识到，原来夏天的夜晚比我们以为的要吵闹得多。

人听不到蝙蝠发出的声音，同样，蝙蝠也基本上听不到人发出的声音。这是因为，人、蝙蝠的发声范围和对方的听觉范围重叠部分极少。如果让人和蝙蝠进行对话，那么在蝙蝠看来，人类就是一群个子很大的、只张嘴不出声的怪物。其实大家都是可以发出自己的声音的，只是频段不同。

人的耳朵只能听到频率在 20~20000Hz 之间的声音，这样的声音称为可闻声波。那些频率超过 20000Hz 的声音称为超声波，频率低于 20Hz 的声音称为次声波。人类、动物的发声与听觉范围不尽相同。

人耳听不到超声波和次声波，是因为不够灵敏吗？如果我告诉你，有这样一种“仪器”，它最小可以探测到幅度只有空气分子大小的十分之一的微小振动，和相当于大气压十亿分之一的压力变化——这种“仪器”并不是某种先进的高科技探测仪，而是我们的耳朵！显然人类听不到超声波和次声波并不是耳朵不灵敏，学术界普遍认为这是复杂的自然演化的结果。但是，听不到并不妨碍我们研究超声波和次声波的特点，并对它们加以应用。

超声波与次声波的应用

超声波的频率高、能量集中、穿透能力强，波长很短且指向性好，在水中传播距离远，可用于声呐测距、测速、探伤、清洗、粉碎、杀菌消毒等很多方面。

汽车的倒车雷达、渔船的捕鱼声呐使用的是超声波。人们也使用超声波探测金属、陶瓷、混凝土，检查内部是否有气泡、空洞和裂纹，这称为“超声探伤”，是铁路部门检测铁轨的主要手段。

把超声波通入水罐中，高频的超声波引起水剧烈振动，会使罐中的水破碎成许多雾状小水滴。再用小风扇把雾滴吹出来，可以增加室内空气湿度，这就是超声波加湿器的原理。

医院里的体外碎石机利用超声波穿透人体，引起病人体内的结石激烈震荡，使之碎化。清理一些金属零件、玻璃和陶瓷制品上的污垢是件麻烦事，但使用超声波就不同了，在放有这些物品的清洗液中通入超声波，清洗液的剧烈振动冲击物品上的污垢，能够很快清洗干净。

人们还采用超声波灭鼠除虫。研究发现，超声波可以伤害鼠类和害虫的神经系统，使之失去觅食、饮水与躲藏能力。鼠虫驱除器就采用这一科学发现，用宽频带的超声波驱除各种鼠类和虫害，这种驱除器对食品和物品无污染、无腐蚀，对人也没有危害。

次声波频率低，波长长，不易被水和空气吸收，能绕开某些大型障碍物发生衍射。因而次声波不容易衰减，某些次声波甚至能绕地球 2~3 周。

次声波的重要应用是监测灾情、预测自然灾害性事件，因为一些自然灾害如地震、火山喷发、台风等在发生前和发生时都伴有次声波的发生。日常生活环境中的一些现象（如轮船航行、汽车飞驰、大桥摇晃等）也可能伴有次声波的发生，只不过其频率不在人耳可闻范围内，人类无法感知，但是一些动物如大象、狗等能够听到部分次声波。

需要注意的是，次声波如果和周围物体发生共振，能放出很大的能量，如 4~8Hz 的次声波能在人的腹腔里产生共振，可使心脏出现强烈共振和肺壁受损，严重时可致人死亡。

“爷爷奶奶听见——我说话吗——”

虽说人的听力频率范围是 20~20000Hz，但由于成年人在听觉上长久的劳损，很多人在中年以后开始丧失对高频率声音的听觉能力，医学上称为老年性耳聋。大部分年龄在 40 岁或者 50 岁以上的成年人具有这种症状，只是他们本人对此没有明显的感觉罢了。一些老年人感慨：“老了耳朵不好使了，声音听不见了。”如果你去认真调查一番，也许会发现，同一位老人某些声音即使很响也没法听见，可是某些较轻的声音却能够听见。

汽车测速背后的原理
——多普勒效应

多普勒效应

你在路上注意过这种“眼”吗？为了交通安全，交通部门在很多道路上设置了限速指示牌，并在一些重要的地点设置了汽车测速装置，人们一般叫它“电子眼”。这些“电子眼”是如何帮助交通警察发现违章超速车辆的呢？这就要从多普勒效应说起了。

知识卡片

多普勒效应是指由于波源与观察者之间存在相对运动，使得观察者接收到的波频率不等于波源频率的现象。当波源与观察者相对靠近时，观察者接收到的波频率大于波源频率；当波源与观察者相对远离时，观察者接收到的波频率小于波源频率。

多普勒效应的发现源于一个偶然的时机。1842 年的某一天，有个奥地利人路过铁路交叉口时，正好有一列火车从他身旁驶过。他发现火车由远而近向他驶来时，汽笛声变响，同时音调变高。而火车离他远去时，汽笛声变弱，同时音调变低。对于这个现象，他觉得很有趣，并进行了研究。他发现这是因为振源与观察者之间存在着相对运动，使观察者听到的声音频率不同于振源的频率，即发生了频移现象。进一步的研究表明，当声源接近观测者时，声波的波长减小，音调变高；当声源离观测者而去时，声波的波长增加，音调变低。声源、观测者间的相对速度与声速的比值越大，声音频率的改变即音调变化就越显著（波长也会相应地改变）。这个人就是奥地利物理学家、数学家多普勒，后来人们就把上述效应称为多普勒效应。

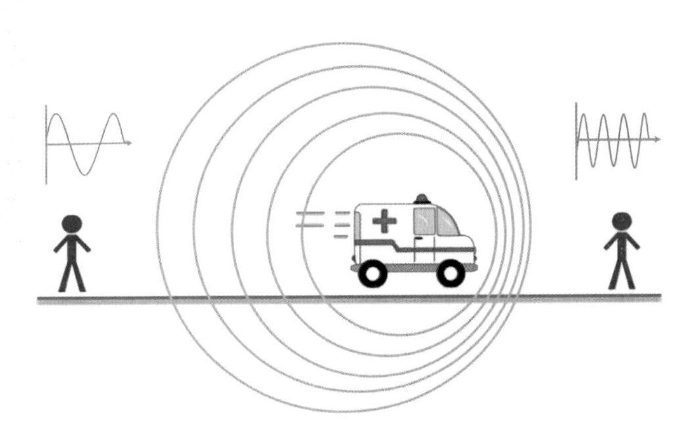

“抓住你啦！”

常见的车速测量方法有以下几种：第一种在地面埋设感应线圈或感应棒，用电磁感应原理，依据车辆经过平行线圈的速度判断是否超速，并配合拍照。这种方法优点是测量准确，缺点是维护成本高且低温不适用，因此南方地区采用较多。第二种视频拍照法，拍摄高速移动车辆时要有足够快的快门和足够多的像素以及相应的图像算法，技术要求高，也受天气和光线影响，现在多用来对付闯红灯等违章行为。第三种微波雷达测速，是主流的手段。此外还有超声检测、红外检测和激光检测等。除前两种外，后面的方法都用到了多普勒效应。

多普勒效应如何应用于汽车测速？我们用简化的超声测速装置原理图来做一个简单分析。工作时，固定不动的小盒子 B（即测速探头）向被测汽车发出短暂的超声波脉冲，脉冲被运动的汽车反射后又被 B 盒接收。假设从 B 盒发射超声波开始计时，经时间 Δt_0 再次发射超声波脉冲，可以做出超声波连续发射两次的 x–t 图像。两超声波脉冲遇到汽车时的位置与 B 盒的距离分别为 x_1、x_2，所以汽车平均速度为 $\dfrac{2(x_2-x_1)}{t_2-t_1+\Delta t_0}$，在 Δt_0 很小时，可认为是汽车的瞬时速度。这里谈到的计算过程，实际都是由计算机自动完成的。

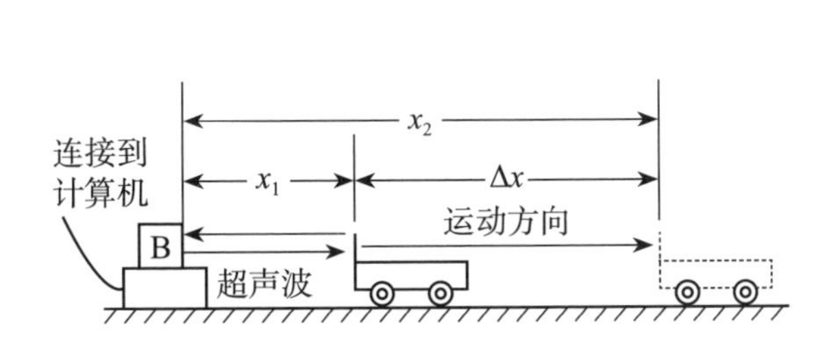

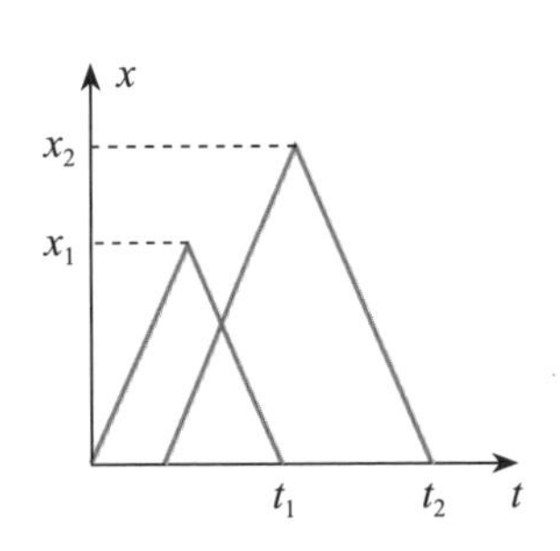

仰望宇宙

多普勒效应不仅适用于声波，也适用于电磁波。宇宙大爆炸理论是现代宇宙学中最有影响力的一种学说，而这一学说的根基源于1922年美国天文学家哈勃观测到的红移现象。他发现远离银河系的天体发射的光线（电磁波）频率变低，即移向光谱的红端，称为红移。根据多普勒效应，可以得出宇宙正在膨胀的结论！1927年，比利时物理学家勒梅特首次提出宇宙大爆炸假说。1929年，哈勃发表了关于星系退行的论文，提出了星系都在互相远离的宇宙膨胀说，并给出了哈勃定律：星系的红移量与星系间的距离成正比。

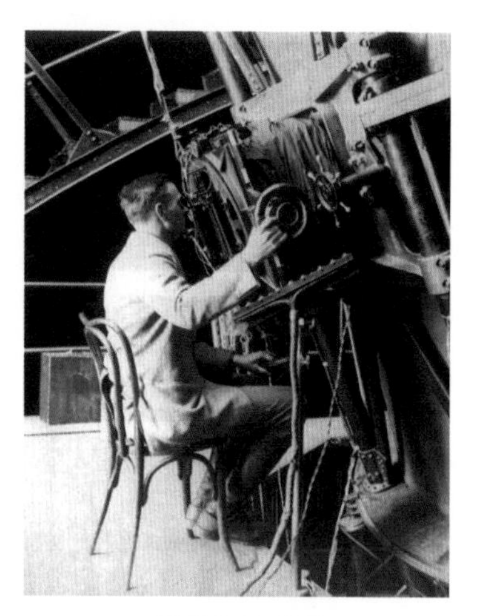

观测中的哈勃

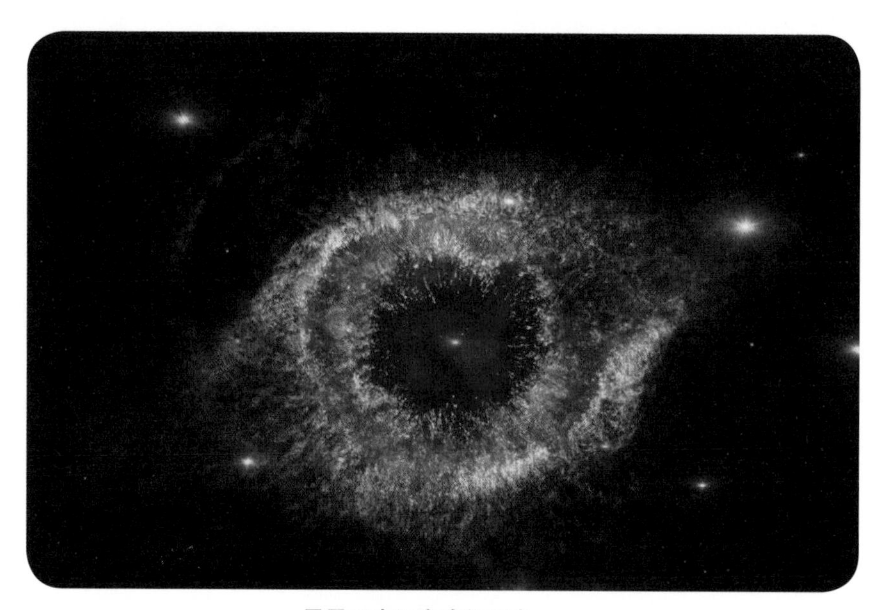

星星正在远离我们而去……

世界充满色彩的原因
——光与物体的颜色

一张鹦鹉的简笔画，鹦鹉的嘴涂成了红色，翅膀涂成了绿色，这是你在日光下看到的颜色。如果你用红光照射它时，鹦鹉的嘴和翅膀是什么颜色呢？你可以试一试，会发现在红光的照射下，鹦鹉的嘴仍然呈红色，但翅膀却呈现为黑色。这是为什么呢？物体的颜色究竟是怎么回事呢？

颜色是一种奇异的现象，其中包含着简明的物理学原理和复杂的心理学因素。颜色是存在于人脑中的一种主观感知，你眼中的红色与另一个人眼中的红色也许并不相同，只是你们都称之为红色罢了。一个关于颜色的问题——如果人眼不能看见玫瑰，它仍然是红色的吗？答案是：不知道！玫瑰是否为红色，由光源、玫瑰本身和人眼及大脑共同决定。光、物体和观察者三个因素，对颜色种类的确定缺一不可，而物体又分为发光体和不发光体两种类别。

发光体的颜色

生活中有各种各样的发光体，像太阳这样可以自行发光的物体称为光源。光源有自然光源和人造光源，不同的光源可以发出不同颜色的光，发光体的颜色就是其所发出光的颜色。能引起色彩视觉感受的光是可见光，属于电磁波大家族中的一员，具有特定的频率与波长，把这些光依次排列起来就是可见光谱。

一束阳光通过三棱镜后，各个波长的光被分解开来，这一现象是牛顿首先发现的。1666 年的一天，牛顿在漆黑房间的窗户上开了一条窄缝，让阳光射进来并通过一个玻璃三棱镜，结果窗户对面的墙上出现一条七色光带，按红橙黄绿青蓝紫顺序，一色紧挨一色排列，就像雨过天晴的彩虹。这条七色光带就是太阳光谱，而且七色光如果再通过一个三棱镜，还能还原成白光。研究发现，仅用红、绿、蓝三种颜色的光也可以合成白光，红绿蓝后来被称为三原色。自然界中的色彩没有纯粹的原色，一般都是以各种色光混合形式存在的。

太阳光谱各种色光的波长与频率

颜色	红	橙	黄	绿	青	蓝	紫
波长 /nm	740~625	625~590	590~565	565~500	500~485	485~440	440~380
频率 / $\times 10^{14}$Hz	4.1~4.8	4.8~5.1	5.1~5.3	5.3~6.0	6.0~6.2	6.2~6.8	6.8~7.9

不发光体的颜色

发光体的颜色就是它发出光的颜色，不发光体的颜色呢？当阳光照耀大地，我们的世界五彩斑斓，这并不是光的独奏，而是天地万物与它的合唱。光照射在物体上，物体会和光发生诸多作用：吸收、透射、反射、折射、干涉、衍射、散射甚至辐射，其中吸收和反射最为常见。不同物体对不同颜色光的反射、吸收性能不同，会形成不同的光能量谱。不同的光能量谱进入眼睛，使人感知到不同的颜色。

不发光物体又可分为透明物体和不透明物体，透明物体的颜色是光通过物体后表现出来的。蓝色玻璃呈蓝色是因为它只允许蓝色光透过，其他颜色的光被玻璃吸收了。不发光也不透明物体的颜色主要是由反射光谱决定的，即便是我们看到的单色物体，其反射光谱也包含多种波长的色光。比如一片绿色树叶，用仪器分析其反射光能量，会发现叶子并不只是反射绿色波段的光谱，而是从蓝色到红色都有反射，也就是说我们看到的树叶绿色里也包含了蓝色、黄色、红色和紫色等。树叶的绿色是眼睛传给大脑的一个整体印象，是接收到的所有波长光的叠加效果。任何物体都不能对色光全部吸收或反射，因此实际上不存在绝对的黑色或者白色。我们常说的黑、白、灰色物体中，白色物体对光的反射率是64%~92.3%，灰色的反射率是10%~64%，黑色的反射率是10%以内，但也有反射。

想不到吧，我其实是五彩的！

哈哈镜与万花筒

——光的反射

我们平时对着镜子整理仪容仪表。如果把镜子的平整表面加工成凸凹不平的曲面，这时人照起镜子来，将看到自己奇异的扭曲面貌。这令人忍俊不禁，故这样的镜子称为哈哈镜。不过同平面镜一样，哈哈镜的成像也是光的反射形成的，仍然遵循光的反射定律。

我是苹果……不对，我是梨！

知识卡片

光的反射是指光线入射到两种介质的界面上时，其中一部分光线折返回原介质中传播的现象。光的反射定律：反射光线、入射光线和法线在同一平面内，反射光线和入射光线分居于法线两侧，且反射角等于入射角。反射现象光路可逆原理，即光线逆着反射光线的方向投射到界面上，会逆着原来入射光线的方向反射出去。

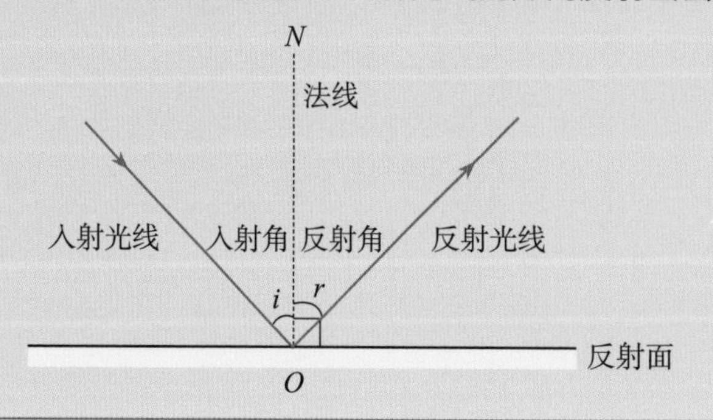

光照射到介质表面时，由于介质表面的反射性质不同，其反射光线的特性也不尽相同，中学阶段把光的反射分为镜面反射和漫反射两种基本形式。

一束平行光在光滑物体表面发生反射，反射后的光线也相互平行，这种反射就是镜面反射，或称为光的单向反射。生活中照镜子就利用了平面镜的镜面反射，平面镜成的像是正立等大的虚像，像与物关于镜面对称。成语“镜花水月”多用来比喻虚幻的景象，是因为人们都知道“镜中花”“水中月”并不是真实的“花”和“月”。光滑平整的玻璃表面、平静的水面等也常发生镜面反射，带给我们一些不同寻常的视觉反馈。

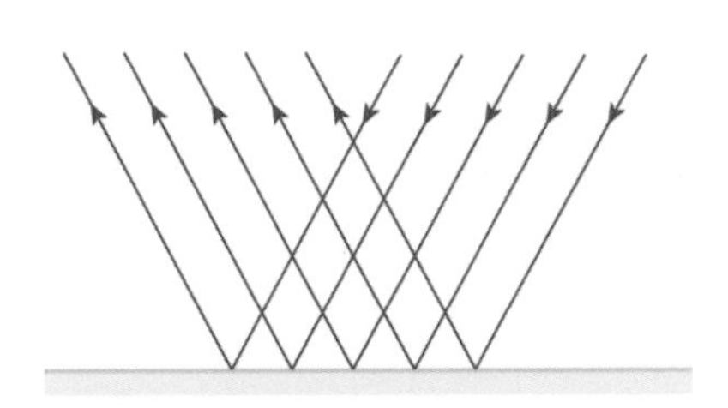

平行光线投射到粗糙、不平整的物体表面上被反射后，反射光线会向各个方向分散，这样的反射称为漫反射。漫反射成像是人眼能看清物体全貌的主要原因。

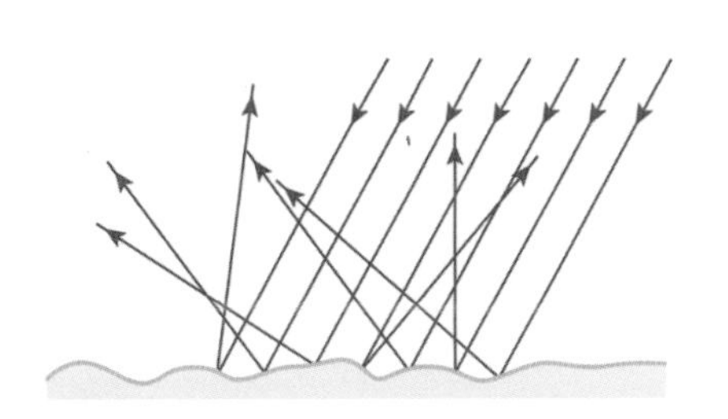

除镜面反射和漫反射外，有人提出了光的另一种反射形式——扩散反射。扩散反射本是声波反射中的用语，但人们发现光在一些看似光滑平整的物体表面反射时，会在某些方向上形成圆锥状的反射光束，如金箔、铝箔等有金属光泽的表面，都能产生这种形式的反射现象。如果人们逆着反射光束圆锥角的范围去观察，能看见物体表面反射点是亮的，但亮度感觉会有所不同。这是因为发生反射的物体表面总有些细微的凹凸分别，光束发生了一部分镜面反射，也发生了一部分漫反射，从而形成反射叠加。反射叠加有时可以产生美丽的对称图像，有一种光学玩具万花筒，将有鲜艳颜色的实物放于圆筒一端，圆筒中间放置三面平面镜，另一端用开孔的玻璃密封，从孔中看去就可看到无限变幻的华丽图像。19世纪初期，从事光学和光谱研究的物理学家大卫•布鲁斯特爵士发明了万花筒。布鲁斯特将三面镜子放在一个圆筒里，再将彩色花纸放在筒端的两层玻璃间，利用镜子的反射形成各种叠加图像，转动万花筒就可以看到不断变换的图案。这个一动就能产生美妙图案的小玩具很快风靡全世界。有意思的是，一旦某个图案消失了，也许要再转动几百年才能出现完全相同的组合，因此每个图案都是独一无二的，值得好好欣赏。

万花筒的奇妙世界

梦幻般的天气现象何时出现
——光的折射与全反射

唐诗有云："潭清疑水浅，荷动知鱼散。"这里的"疑水浅"是什么道理？虹与霓都是七彩的，二者有什么区别？海市蜃楼又是怎么回事？利用有关光的折射与全反射的知识，可以对这些现象进行解释。

知识卡片

光的折射定律（斯涅耳定律）：折射光线在入射光线和法线所决定的平面内，折射光线和入射光线分居法线两侧，入射角和折射角的正弦之比对所给定的两种介质来说是一常量，即 $\frac{\sin i}{\sin r}=n$。对于光从空气射入透明介质发生的折射，前式中的 n 称为绝对折射率，简称为折射率，它反映了介质的传光特性。不同频率的光在同一介质中的折射率略有不同，紫光的折射率要大于红光的折射率，绝对折射率均大于 1。光的折射中光路可逆。

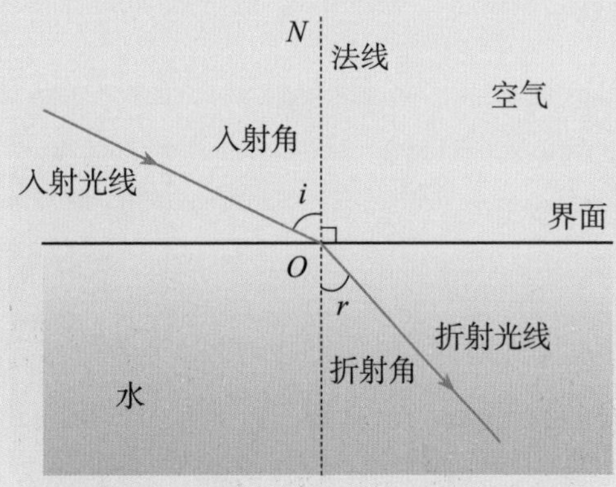

“潭清疑水浅”，是我们站在岸上看水中的物体时，觉得物体离水面更近了。这是因为光从水中斜射入空气中时，折射角大于入射角，我们逆着光线看过去，会认为光是从物体上方的点发出的，我们看到的是光线经过折射形成的虚像。插进盛水的碗里的筷子，看起来向上弯折也是这个原因。折射所成的虚像只是人根据光沿直线传播的经验而形成的一种判断，像与实物的真实位置并不一致。实际上，人在岸上看水中的物体，或在水中看岸上的物体，虚像位置均比实物高。思考一下：渔人叉鱼时，应该把鱼叉对准鱼吗？

棱镜是一种常用的光学仪器，它有两个折射面。光从一个面射入，经过两次折射后从另一个面射出，出射光线会向底边方向偏折。偏折角与折射率有关，由于同一种介质对不同色光有不同的折射率，各种色光的偏折角不同，所以白光经过棱镜折射后产生色散现象，形成“七色光”（实际有无数种色光，为了简便起见，人们只用七种颜色作为区别）。

雨过天晴，天空中出现虹和霓，也是光的折射色散形成的，但其中还包含着光的全反射。

知识卡片

全反射：两介质相比，折射率大的叫光密介质，折射率小的叫光疏介质。当光从光密介质射入光疏介质时，由折射定律可知，折射角总大于入射角。折射角恰好等于90°时的入射角称为临界角，用 C 表示，有 $\sin C = 1/n$。发生全反射的条件是：光须从光密介质射向光疏介质，且入射角大于临界角。

雨后天空中悬浮着许多小水珠，阳光射入形状接近球形的小水珠，在一定条件下可以形成虹，甚至形成霓。虹的产生是由于阳光射入水珠，发生两次折射和一次全反射；霓的产生是由于阳光射入水珠，发生两次折射和两次全反射。虹的红光在最上方，其他颜色在下，而霓的色彩分布和虹相反，红色在内侧。霓要比虹暗一些，因为两次全反射不仅产生了更多的光能损耗，还造成霓的散布区域比虹更宽。有时在天空中可以同时看到虹和霓，霓总在虹的外侧出现，而且与虹同心，因其较暗也被称为副虹。

光的折射和全反射也是海市蜃楼的成因。海市蜃楼，又称蜃景，它的出现与地理位置、大气状况有密切的关系。山东蓬莱海面上常出现这种幻景，古人归因于蛟龙之属的蜃（大蛤蜊）吐气而成水上楼台，因而得名。海市蜃楼常常在同一地点重复出现。形成蜃景时，远处物体上一些射向空中的光线，由于不同高度空气疏密不同，发生折射甚至全反射，逐渐弯向地面，进入观察者的眼睛。人逆光望去，就“看见”了远处的物体。蜃景分为上现蜃景和下现蜃景，上现蜃景在实际物体的上方，影像是正立的；下现蜃景则成像于实际物体的下方，影像是倒立的。上现蜃景常出现于海上，故称海市蜃楼。下现蜃景出现在沙漠中和曝晒下的柏油路面上，也称为沙漠蜃景或高速路蜃景，看上去好像由地面反射而来，影像不稳定。夏季有时在柏油路上向前看去，发现前方某一部分路面就像满溢的水一样晃动，这就是下现蜃景。

肥皂泡为什么是彩色的?
——光的干涉

轻轻蘸一蘸肥皂水，就可以吹出多彩的泡泡。跟着微风轻盈舞动的泡泡随阳光照射角度变化，显现出奇异的色彩。肥皂膜本身是无色的，而肥皂泡为什么是多彩的呢?

在平静的水塘中丢下一块石头，水面就会激起涟漪。如果从同样高度同时丢下两块大小相同的石头，在它们激起的水波相遇的区域水面起伏更剧烈。从波纹中心向外，不仅有同心圆状的波纹，还有辐射状高低相间的波纹。这种两列相同的波相遇后的叠加，物理学上叫作干涉。干涉是波的基本特征之一，声波有干涉现象，两列光波相遇时也可能发生干涉。

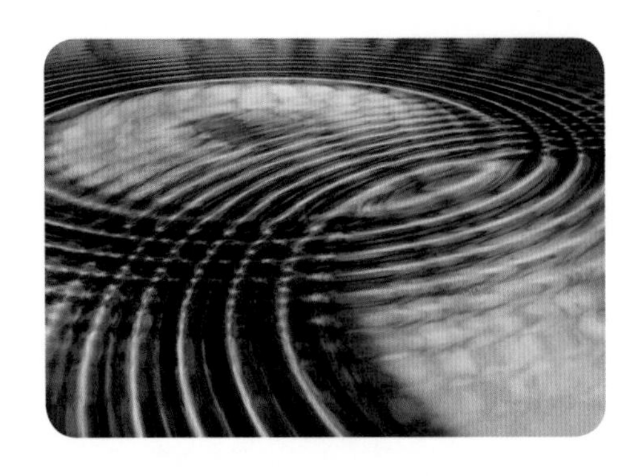

知识卡片

相同种类的两列波在同一介质中传播发生重叠时，重叠范围内介质中的质点同时受到两列波的作用，此时这些质点的振动位移等于两列波各自传播所引起的振动位移的矢量和，这称为波的叠加原理。如果参与叠加的这两列波频率相等，振幅相等或相差不大，会在叠加区域形成某些点的振动始终加强，某些点的振动始终减弱的干涉现象。发生干涉的两束光必须满足干涉条件，即频率相等、相差恒定。

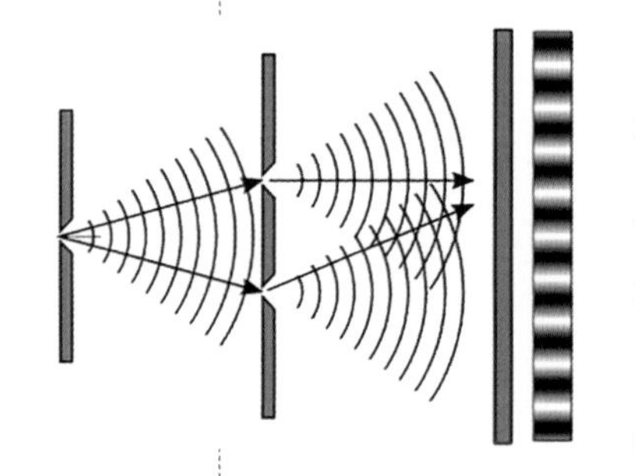

普通光源发出的光不是相干光，得到相干光是观察到光的干涉最大的难点。英国物理学家托马斯·杨于1801年在实验室中第一次成功地观察到了光的干涉，他用单色光穿过单缝和双缝，得到相干光，在双缝后面的白色光屏上看到了明暗相间的干涉条纹。

相干光的获得还有一种重要的方法：一束光照射到薄膜上，一部分在膜的前表面发生反射，另一部分折射进入液膜内，在膜的后表面反射。这两部分光是由同一入射光产生的，满足干涉条件。肥皂泡由于重力作用形成楔形薄膜，光在前后两面发生反射，反射光是相干光，可以发生干涉，这种干涉称为薄膜干涉。

我们来分析一下肥皂泡多彩的原因。肥皂薄膜本身无色，就像一张透明的玻璃纸一样，阳光在肥皂膜的两个表面都会产生反射。穿过外表面在内表面处反射回来的光与外表面处直接反射的光会产生干涉，有些光线互相加强，有些光线互相减弱，甚至完全抵消。阳光是由多种单色光组成的，如果在肥皂泡的某一处恰好使得两束反射回来的红光相互抵消了，在这个地方看到的就是失去了红光的阳光，因此呈现出蓝绿色。而在肥皂泡的另一部分，某种色光得到了加强，呈现出来的就是另一种颜色。肥皂泡就是这样把阳光分解，而呈现出色彩斑斓的图案。

薄膜干涉现象在生活中容易观察到，不仅肥皂泡会产生这种现象，光线射入任何透明薄膜都可以发生。比如我们常见到水面或玻璃上的油膜、蜻蜓的翅膀、CD光盘等，它们在阳光的照射下，都会显得色彩缤纷，道理与肥皂泡呈现彩色是一样的。

如果薄膜是空气，同样可以发生薄膜干涉，如楔形平板干涉和牛顿环。若使两个很平的玻璃板间产生一个很小的角度，就构成一个楔形空气薄膜。用已知波长的单色平行光照射，空气薄膜上下表面反射的光会发生干涉。如果玻璃板表面有细微的凹凸，观察到的将是间距不相等的干涉条纹。玻璃板表面平整，观察到的是规则的干涉条纹。这可以用于检测平面是否平整，精度可达微米级。

牛顿环是牛顿在 1675 年首先观察到的一种干涉现象。将一个曲率半径很大的凸透镜的凸面和一平面玻璃接触，在日光下或用白光照射时，可以看到接触点为一暗点，其周围是一些明暗相间的彩色圆环。而用单色光照射时，则表现为一些明暗相间的单色圆环。这些圆环的间距不等，随距中心点距离增加而逐渐变窄。它们是由球面上和平面上反射的光线相互干涉而形成的干涉条纹。在加工光学元件时，人们常采用牛顿环的原理来检查平面或曲面的表面精度。

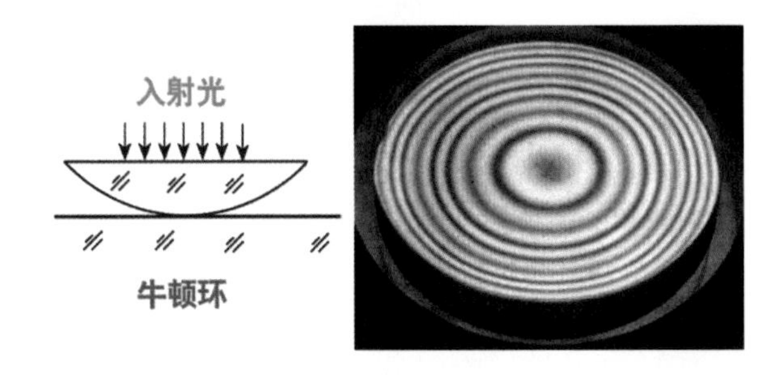

利用薄膜干涉还可以制造增透膜和增反膜。薄膜光学厚度等于入射光波长的四分之一时，所有反射光相叠加的结果可以实现反射相消，因而形成透射增强，这种膜称为增透膜。有些眼镜、照相机的透镜表面上镀有增透膜，呈现淡淡的蓝紫色。因可见光有多种色光，而膜的厚度是唯一的，所以只能做到一种颜色的增透效果。鉴于可见光中绿光成分较多，人们一般按照绿光的波长确定增透膜的厚度。这种情况下绿光没有了反射，看到的镜头反光颜色就是淡淡的蓝紫色。同样道理，如果想增加光的反射，可以在物体表面镀上增反膜，只需其光学厚度等于入射光波长的二分之一就行了。增反膜常见于汽车玻璃贴膜、展览射灯、滑雪眼镜等用途。

3D 电影的奥秘
——光的偏振

2009 年,《阿凡达》掀起了人们观看 3D 电影的热情。3D 电影提升了观影逼真感，观众看到的影像好像真的从幕后深处脱框而出，扑面而来，感觉触手可及，如身临其境。3D 电影也叫立体电影。为了看到立体的电影画面，观影人需要佩戴特制的眼镜，如果不戴眼镜，直接看银幕上的图像是模糊不清的。这究竟是怎么回事呢？我们要从横波与纵波说起。

是横是纵？

质点振动方向与波的传播方向垂直的波是横波，质点振动方向与波的传播方向平行的波是纵波。如果取一根软绳，一端固定在墙上，手持另一端上下抖动，可在软绳上形成一列横波。如果让软绳穿过一块带有狭缝的木板，狭缝与振动方向平行，振动可以通过狭缝传到木板的另一侧；如果狭缝与振动方向垂直，则振动就被狭缝挡住而不能向前传播。如果将这根绳换成细软的弹簧，前后推动弹簧形成纵波，则无论狭缝怎样放置，弹簧上的纵波都可以通过狭缝传播到木板的另一侧。

受上述现象启发，我们可利用类似的实验来判断光波是横波还是纵波。用偏振片代替有狭缝的木板，来观察光波的表现。偏振片由特定材料制成，它上面有一个特殊的方向——透振方向，只有振动方向与透振方向平行的光波才能通过偏振片。偏振片对光波的作用就像狭缝对机械波的作用一样。使用阳光或灯光作为光源，实验的结果如下：当只有一块偏振片时，以光的传播方向为轴旋转偏振片，透射光的强度不变。当两块偏振片的透振方向平行时，透射光的强度最大，但是比通过一块偏振片时要弱。当两块偏振片的透振方向垂直时，透射光的强度最弱，几乎为零。上述实验表明光是横波。

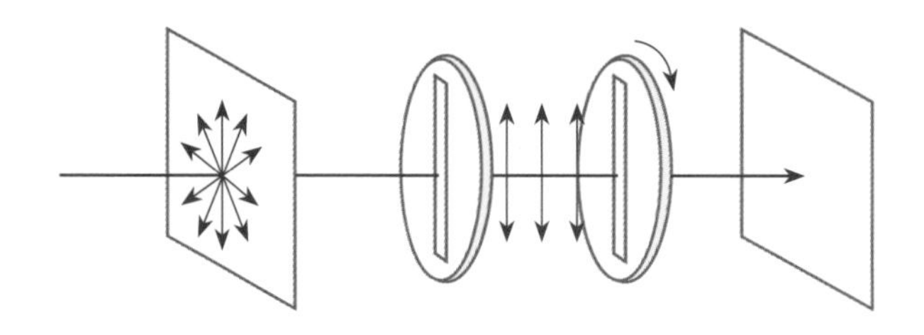

光的偏振及其应用

从光源（如太阳、电灯、蜡烛等）直接发出的光称为自然光，其各个方向的振动强度相同。自然光通过偏振片后只沿某个特定方向振动，称为偏振光。

知识卡片

光的偏振是指光振动方向对于传播方向的不对称性，是横波区别于纵波的最明显的标志。除了从光源直接发出的光外，我们通常看到的绝大部分光都是偏振光。自然光射到两种介质的界面上，如果光入射的方向合适，使反射光与折射光之间的夹角恰好是 90°，这时反射光和折射光就都是偏振的，并且偏振方向互相垂直，此时的入射角称为布儒斯特角。

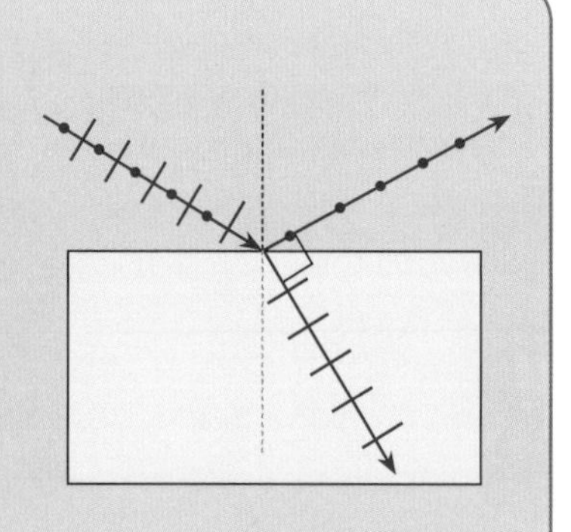

3D 电影是光的偏振现象的应用。人的两只眼睛同时观察物体，不但能扩大视野，而且能判断物体的远近，产生立体感。3D 电影是用两台摄影机如人眼那样从两个不同方向同时拍摄并制成胶片。放映时通过装有偏振片的两台放映机，把两摄影机拍下的影像同步放映，这样略有差别的两幅偏振图像就重叠在银幕上。观众戴上偏光眼镜观看，每只眼睛只看到相应的偏振光图像，即左眼只能看到左侧放映机的画面，右眼只能看到右侧放映机的画面，这样就会产生立体感。这就是观看 3D 电影需要佩戴偏光眼镜的原因。

光的偏振现象有很多应用。摄影时，被拍摄物体的表面会发出杂乱的眩光，严重影响成像质量。为了减弱或者消除杂散光、眩光等干扰，我们可以在镜头前面搭配偏振镜。图像软件能产生多种多样的滤镜效果，唯独偏振镜的效果电脑无法模拟，只能在实际拍摄时一次形成。在风景摄影中，偏振镜有着不可替代的作用。拍摄水下景物时，可以去掉水面反光，拍到色彩斑斓的水底；拍摄橱窗时，可以消除玻璃上反射的霓虹灯光，拍到橱窗里漂亮的展品；拍摄蓝天白云时，可以过滤一部分天空反光，加深天空蓝色，使白云更加突显。有的太阳镜具有防眩目功能，镜片也是偏振镜。

看不见的光
——红外线、紫外线与 X 射线

阳光中包含的“光”有无线电波、红外线、可见光、紫外线、X 射线、γ 射线，其中的一些光，看不见摸不着，却实实在在地存在于我们的周围，影响着我们的生活。它们与可见光一样，都属于电磁波。

电磁波家族中的每个成员在真空中的传播速度都相同，数值为光速 $c=3.0\times10^8$m/s，而且它们的波长与频率成反比（$c=\lambda f$）。从红光到紫光的可见光频率比无线电波的频率要高很多，同时可见光的波长比无线电波的波长短很多。而 X 射线和 γ 射线的频率则更高，波长更短。

为全面了解各种电磁波，我们将电磁波按照波长或频率顺序排列，这就是电磁波谱。电磁波谱按频率由小到大依次是：无线电波、红外线、可见光、紫外线、X 射线、γ 射线。无线电波在第四章中做过介绍，γ 射线将在下一章介绍。接下来我们来了解一些红外线、紫外线与 X 射线的有关知识。

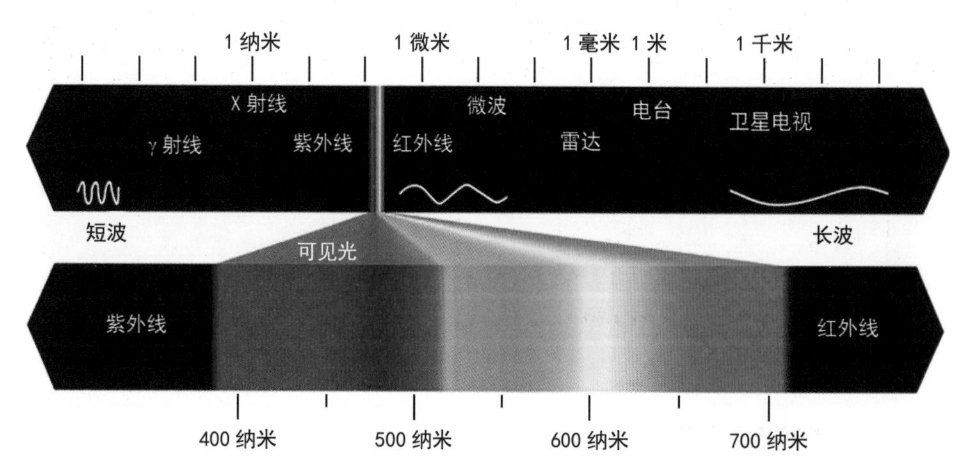

红外线

被誉为“恒星天文学之父”的英国天文学家威廉•赫歇尔在 1800 年发现了红外线。他用三棱镜将太阳光分解开，以研究光谱中各种色光的热效应。结果温度计在光谱红光区域的外侧升温最快，说明那里有看不见的光线射到温度计上。这意味着在太阳光谱中，红光的外侧必定存在看不见的光线，这就是红外线。红外线是一种波长比红光长的不可见光，其波长范围很宽，在 $750\sim1\times10^6$nm 之间。

一切物体都会因自身的分子运动而不停地向周围空间辐射红外线，物体温度越高，辐射红外线本领越强。物体红外辐射能量的大小及其按波长的分布与它的表面温度有十分密切的关系。将物体红外辐射的功率信息转换成电信号就可以准确地得知其表面温度。捕捉物体表面温度的空间分布，经电子系统处理，传至显示屏上，可得到与物体表面热分布相应的热像图。运用这一方法，便能实现对目标远距离测温和热状态的图像分析，这就是红外检测器（如红外夜视仪）的基本原理。

赫歇尔

飞机红外热像中温度高的发动机非常明亮

红外线还有很多其他应用，其中最显著的作用之一是热作用，物体吸收红外线后温度会上升。根据这一原理，医生用红外线照射病人膝关节，可治疗风湿性关节炎，厨房中的烤箱也是利用红外线的热作用。此外，人们利用红外线波长较长的特点进行遥控和遥感，电视机遥控器、感应门、自动出水龙头都是使用红外线实现控制的。红外遥感技术可探测远距离物体反射或辐射出的具有红外特性差异的信息，确定其性质、状态和变化规律，在军事侦察、天气预报、地质勘测、污染监测等领域有广泛应用。

还有，你也许已经发现，把遥控器对着电视周围墙壁按按钮，有时也可以控制电视，这说明什么?

紫外线

德国化学家里特 1801 年发现了紫外线。他把一张在氯化银溶液中浸泡过的纸，放在棱镜分解的可见光谱的紫光区域外侧。里特发现，紫光外部的纸片强烈地变黑，说明纸片的这一部分被看不见的射线照射，这就是紫外线。紫外线的波长比紫光短，波长范围为10~400nm。高温物体发出的光中通常都含有紫外线，紫外线照射会带来荧光效应和化学作用。

一些钻石在紫外线下发出强烈蓝色荧光

紫外线很容易让照相底片感光，还能激发许多物质发出荧光。日光灯管的内壁涂有荧光粉，日光灯的光线是灯管内稀薄的汞蒸汽受激放出紫外线照射管壁产生的。钞票或商标的某些位置用荧光物质印上标记，在紫外线照射下会发出可见光，这是一种有效的防伪措施。

紫外线有化学作用，能杀死微生物，所以医院和食品工厂常用紫外线消毒。阳光是天然紫外线的重要来源，衣服、被子经常在阳光下晾晒可以灭菌消毒。适量的紫外线照射有助于人体合成维生素 D，促进身体对钙的吸收，对骨骼生长和身体健康有好处，但过量紫外线照射会使皮肤粗糙，甚至诱发皮肤癌。

地球周围包裹着厚厚的大气层，阳光中的紫外线大部分被大气层上部的臭氧层吸收，不能到达地面，因此地球上的生物得以存活。近几十年来，臭氧层受到空调、冰箱放出的氟利昂等物质的破坏，出现空洞。为了保护臭氧层，保护我们共同的家园，你有什么好的建议吗？

X 射线

X 射线是伦琴于 1895 年发现的，因此又称为伦琴射线，他因此获得 1901 年第一届诺贝尔物理学奖。X 射线是一种波长极短、能量很大的电磁波，波长范围为 0.001~10nm，具有很高的穿透本领，能透过许多对可见光不透明的物质，如墨纸、木料等。伦琴刚发现 X 射线时，一连几天待在实验室里，他的妻子很疑惑，于是他把妻子请进实验室，把她的手放在用黑纸包严的照相底片上，然后用 X 射线对准照射 15 分钟，显影后底片上清晰地呈现出他妻子的手骨像，手指上的结婚戒指也很清楚。这张照片成为历史上最著名的照片之一，它表明了人类可借助 X 射线，隔着皮肉去透视骨骼。

伦琴

在医学上，X 射线诊断技术是最早应用的非创伤性内脏检查技术。此外，由于不同能量的 X 射线可破坏照射的细胞组织，因此也被应用于治疗某些疾病，尤其是肿瘤。但是，X 射线辐射对人体是有害的，2017 年世界卫生组织已把 X 射线辐射列为一类致癌物。

脑洞物理学

Task1 估测声音在空气中的传播速度

准备好发令枪、卷尺、秒表等器材，你还需要找一位帮手。首先，在室外空地（如公园、运动场）上量出 200~300m 的一段直线距离，并在两端做好标记。你可以先预测一下，声音在空气中传播这段距离大约需要多长时间。然后请你的伙伴手持发令枪站在测量直线的起点处，你携带秒表站在直线终点。伙伴扣动扳机，发令枪会冒出白烟，同时发出响声。在终点处的你看见发令枪冒出白烟时按下秒表开始计时，当听到枪声时立即停止计时。利用速度公式你就可以计算出声音在空气中的传播速度了。多测量几次，求出平均值可以减小测量数值误差。

Task2 测量不同人的听觉频率范围

这个探究课题需要用到音频发生器和扬声器（喇叭）。音频发生器可求助于你的物理老师，学校实验室里一般都有配备。你可以请几位同学和几位老师作为被试者，以得到不同年龄人的听觉数据。测量时要找一个安静的房间，把音频发生器和扬声器连好，调节音频发生器，使之由低到高发出不同频率声音。请被试者坐好并闭上眼睛，仔细听扬声器发声。要求刚听到声音时举手，一直到听不到声音再放下手。记录被试者举手、放手时音频发生器上显示的声音频率，即可得到被测试人听觉的频率范围。你还可以让被试者分别捂住一只耳朵，测试一下左、右耳听觉的频率范围是否一致。

Task3 颜色的加减法

各种色光（包括物体反光）在人眼中是用加法原理来混色的，一般以红、绿、蓝作为基本色，以不同频宽和强度搭配，在人眼中就形成不同颜色。通常，红色+绿色=黄色，红色+蓝色=品红色，绿色+蓝色=青色，红色+绿色+蓝色=白色。

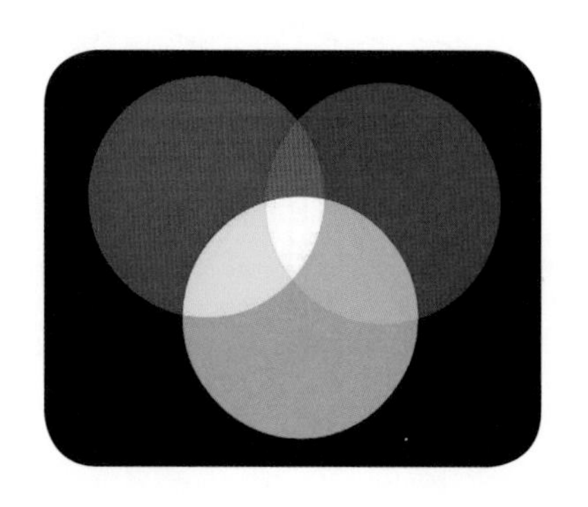

而颜料的混合遵循减法原理，指颜料从白色光中吸收某些波长色光，透射或反射出其余波长色光，使人形成色彩印象（不过，这些透射或反射出的色光在人眼中仍用加法原理混色）。减法原理的三基色是品红、黄色和青色。品红色颜料可吸收绿光，透射或反射红光和蓝光；黄色颜料可吸收蓝光，透射或反射红光和绿光；青色颜料可吸收红光，透射或反射绿光和蓝光。试试看，在美术课的颜料中找出减法原理三基色，并用它们调出更多绚丽的色彩。

Task4 光路“路路通”

人的眼睛、放大镜、电影放映机、照相机、显微镜、望远镜……它们都是如何成像的？挑选你感兴趣的一种，研究它的成像原理、特点，分析一下光路。

Task5 万花筒的制作

万花筒有趣吗？找材料自己动手制作一个吧！也可以先找一个万花筒成品，将其拆开研究内部的构造。

Task6 3D 电影的格式

3D 电影的格式有多种：左右格式、上下格式、交错格式、绿红格式、青红格式、红蓝格式等。试着研究和比较不同格式的成像特点、优缺点和发展前景，下次去看 3D 电影的时候，判断一下它的格式。

Task7 仰望星空的人类

1608 年，荷兰米德尔堡一位不出名的眼镜师汉斯•李波尔造出了世界上第一架望远镜。后来，伽利略效仿制造了可放大 32 倍的望远镜，这使哥白尼得以直接观测天体并提出日心说。1990 年哈勃空间望远镜发射后，一直在源源不断地将美丽的宇宙图像传回地球：彗星撞击木星、遥远的恒星、黑洞、宇宙诞生早期的原始星系……

望远镜不断为人类带来惊喜，让我们能有幸触碰亿万光年外的神秘，并从根本上改变着我们对宇宙的认识。查阅资料，了解望远镜的发展历史。

学霸笔记

1. 声音

物体只要振动，就一定会发出声音，但人耳不一定都能听得到。人听到的声音频率为20~20000Hz，人发声频率为85~1100Hz。声源振动发出的声音依靠介质传播，介质可以是各种固体、液体和气体，真空不能传声。声音在不同介质中传播速度一般不同，通常情况下气体中声速最小，固体中声速最大（空气中约为340m/s，水中约为1500m/s，钢铁中约为5200m/s）。在空气中，温度越高，声速越大。

声音在空气中传播时，若遇到高大障碍物，会被障碍物反射回来形成回声。人耳区分清楚原声与回声，其间隔时间必须在0.1秒以上，所以人耳到障碍物的距离大于17m才能听到回声。

声音的三个特征要素是音调、响度和音色。声音的高低叫音调，由发声体振动频率决定。鼓皮绷得越紧，音调越高。小提琴弦丝越短越细，音调越高。吹笛空气柱越短，音调越高。人耳感觉到的声音强弱叫响度，与发声体振幅有关，振幅越大，响度越大，反之则越小。响度还与距离发声体远近有关，距离越远，响度越小。理论上人耳刚刚能听到的声音为0dB。音色是由发声体本身材料、结构所决定的，根据音色能区分乐器或其他声源。

声波是纵波，能够传递能量与信息。频率高于20000Hz的声波称为超声波，具有方向性好、穿透能力强、易于获得较集中的声能等特点。超声波的应用如利用超声波回声定位制成声呐装置，利用超声波多普勒效应测定运动物体速度，还可以利用超声波清洗精密仪器、焊接等。频率低于20Hz的声波称为次声波，可用来预报地震、台风和监测核爆炸，一定强度的次声波会对人体造成严重的危害。

2. 光

自身能发光的物体叫光源，太阳是天然光源。太阳光（白光）通过三棱镜会发生色散，分解成多种色光。光的颜色和能量都是由光的频率决定的。光的三原色指红、绿、蓝三种色光。透明物体的颜色是由它能透过的色光决定的；不透明物体的颜色是由它能反射的色光决定的。

光在同一种均匀物质（密度均匀、不含有杂质且透明）中沿直线传播。光可以在真空中传播，速度为 3.0×10^8m/s（最大值）。光在不同物质中传播速度不同，在水中约为 2.25×10^8m/s。

光在反射和折射时遵守相应的定律，而且光路都是可逆的。反射和折射都可以成像，像有虚实之分。实际光线会聚形成的像为实像，实际光线反向延长线相交形成的像为虚像，实像和虚像都能被眼睛看到，但实像能在光屏上呈现，虚像则不能。平面镜成的像是虚像，像与物体大小相等、关于平面镜对称。凹面镜对光线有会聚作用，可制成太阳灶、车灯反光罩等。凸面镜对光线有发散作用，能扩大视野，如汽车后视镜、街头拐弯处的反光镜等。光的折射使清澈池塘的水底“变浅”，同时也是各种透镜的理论基础。

光从光密介质射入光疏介质时，折射角大于入射角。当入射角增大到某一角度时，折射光线消失，只发生反射，这种现象叫作全反射。光导纤维传输光信号利用的是全反射。

两列相同的光可以发生干涉。肥皂泡、油膜的多彩是光的干涉现象。

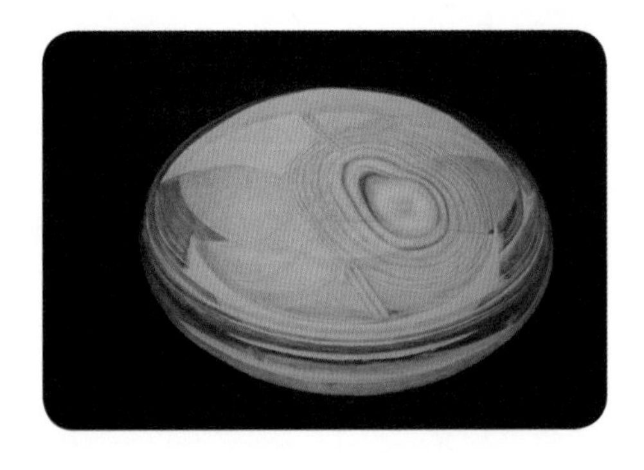

光是横波，可以产生偏振现象，3D 电影利用了这一原理。

光是一种电磁波，把所有的电磁波排列起来即组成电磁波谱。电磁波谱中除可见光外，其他的电磁波人眼看不见。其中，红外线比可见光波长大、频率小，具有热效应。紫外线比可见光波长小、频率大，具有荧光效应。

07 近代物理

To 同学们：

当时间来到 19 世纪末，经典物理学经历了 300 多年的发展，已进入完善成熟的阶段——宏观低速物体的机械运动准确地遵循牛顿力学规律，电磁现象和光现象的规律被总结为麦克斯韦方程组，热现象理论收编于热力学和统计物理学……不少物理学家都认为：辉煌的物理学大厦业已建成，剩下的只是进一步精细化的工作，比如在某些细节上做一些补充和修正，把各个物理学常量测得更精确一些。但就在这时，物理学晴朗的天空中飘来的两朵“乌云”影响了物理学家们的好心情。第一朵“乌云”与以太零漂移实验有关，爱因斯坦提出的相对论对此做出了圆满的回答（本书限于篇幅，我们不展开分析这个问题了，随着中学阶段物理学习的深入，同学们会与相对论相遇的）。第二朵“乌云”是黑体辐射实验结论与经典电磁理论的矛盾。它也使物理学陷入了巨大的危机之中。物理学家是怎样拨开这第二朵“乌云”的呢?

本章要点

- 黑体辐射与能量子
- 光电效应
- 波粒二象性与物质波
- α 粒子散射实验与原子核式结构
- 玻尔原子模型
- 天然放射现象与半衰期
- 核裂变与核聚变

量子革命
——波与粒子的统一

黑体辐射与能量子

我们生活的世界里，所有的物体都能辐射、吸收和反射一定波长范围内的电磁波。物体辐射电磁波的情况与物体的材料、温度等因素有关，也称为热辐射。如果一个物体能全部吸收投射到它上面的辐射而无反射，这个物体就叫绝对黑体，简称黑体。有一种碳纳米管可吸收 99.965% 的入射光线，就可以视为绝对黑体。将不透明的空腔材料开一小孔，小孔表面也可以看作黑体。

黑体辐射电磁波的强度仅与黑体的温度有关，是人们研究热辐射规律的重要对象。如果黑体发射出的辐射能量和它吸收的辐射能量相等，这时我们说黑体处于热平衡状态。科学家研究了处于热平衡状态的黑体辐射，得到了辐射能量密度（辐射强度）与波长和绝对温度有关的分布规律。实验规律表明：随着温度升高，各种波长的黑体辐射强度都增加，辐射强度的极大值向波长较短的方向移动。

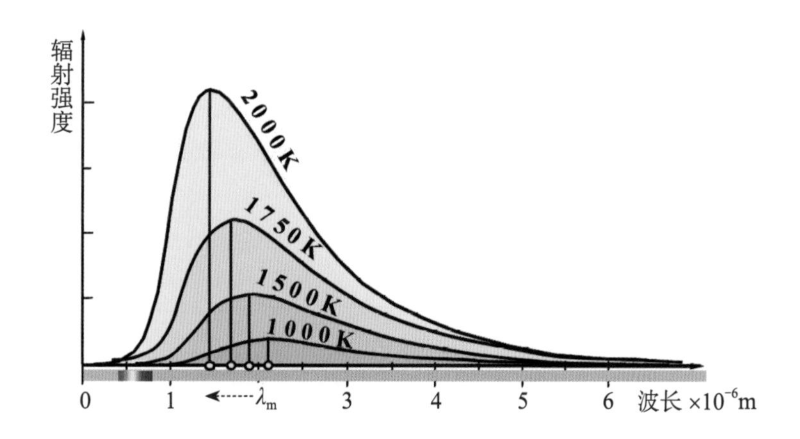

对于黑体辐射实验呈现的能量分布规律，很多人都尝试寻找一个能量分布公式来说明，但都未能成功。终于在 1894 年，德国物理学家维恩找到了一个经验公式——维恩公式，也称维恩位移定律。维恩公式的计算结果在短波区与实验规律非常接近，但在长波区出现了偏差。这个偏差引起了英国物理学家瑞利和金斯的注意，他们从麦克斯韦理论出发也得出一个公式——瑞利－金斯公式。这个公式在长波区和实验结果相符，而在短波区严重不符，不但不符，而且当波长趋于零时，辐射竟变成无穷大，这显然是荒谬的。由于波长很小的辐射处在紫外线波段，所以理论推理得出的这种荒谬结果，在当时被认为是物理学理论的“紫外灾难”。

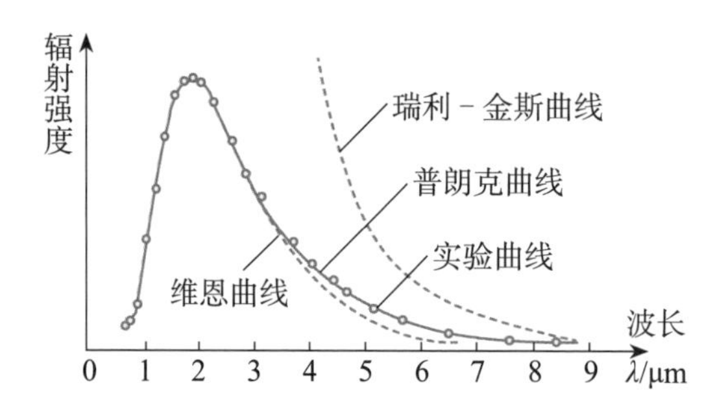

1900 年 10 月 19 日，德国物理学家普朗克在柏林物理学会的一次会议上，以《论维恩辐射定律的改进》为题，提出了一个描述黑体辐射规律的数学公式。当天晚上，实验物理学家鲁本斯就拿这个公式来验证自己掌握的实验数据，发现在每个波段都符合得非常完美，第二天一早他激动地把这个结果通报给了普朗克。普朗克的公式是建立在能量量子化假设之上的：能量发射和吸收时不是连续不断，而是一份一份的，普朗克称之为能量子，后改为量子。单个量子的能量为 ε，$\varepsilon=h\upsilon$，h 为普朗克常量，υ 是电磁波频率。这是区别于经典物理学的一个全新的观念，用普朗克自己的话说就是：“我生性平和，不愿进行任何吉凶未卜的冒险。但是我经过 6 年的艰苦探索，终于明白经典物理学对这个黑体辐射问题没有任何办法……抛弃旧条框，引入新概念，问题立即迎刃而解。”

1900 年 12 月 14 日，普朗克以《关于正常光谱的能量分布定律的理论》为题在另一次会议上宣布了自己大胆的假设，公布了推导相关公式的简便方法。此后，人们将这一天定为量子论的诞生日。普朗克首先提出了能量量子化的概念，以此为前提解释了黑体辐射，从而开启了量子力学的大门。普朗克也因此被尊称为“量子力学之父”。

普朗克

但是，一个新观念的确立谈何容易。尤其在当时，人们已牢牢建立起了连续性的自然观，加上微积分的胜利推广，大家都对“自然界无跳跃”（莱布尼兹语）深信不疑，普朗克“分离的能量”的概念着实令人难以接受。直到几年后，瑞士专利局的一位小职员对另一个实验——光电效应的解释，给予了这一观念有力的支持，再加上一些科学家的努力，量子论才慢慢被接受。对了，那位专利局小职员的名字是阿尔伯特•爱因斯坦。

光电效应

阿尔伯特•爱因斯坦被公认为是继伽利略、牛顿之后世界上最伟大的物理学家。如今我们一提到爱因斯坦，你会想到他提出来的什么理论？肯定是相对论吧！的确，相对论是 20 世纪物理学的两大支柱之一，但事实上，爱因斯坦获得诺贝尔奖并不是因为伟大的相对论，而是源于一个他提出的关于光电效应的理论。这一理论是爱因斯坦在一个晚上仅用了几个小时完成的，那一年他 26 岁，是专利局的一名三级技术员。那一天他已在专利局工作了八个小时，还做了一个小时的兼职教师。

光电效应指的是在光的照射下金属逸出电子的现象，比如弧光灯中的紫外线照射到锌板上，锌板会失去电子而带正电。光电效应中逸出的电子叫光电子，把光电子收集起来形成的电流称为光电流。德国物理学家赫兹和雷纳德对光电效应现象进行了详尽的研究，得到了四条实验规律：

任何一种金属都有一个极限频率 υ_0，入射光的频率必须大于金属的极限频率，才能产生光电效应；低于这个频率的光不能产生光电效应。

光电子的最大初动能与入射光的强度无关，但随着入射光频率的增大而增大。

光电子的发射几乎是瞬时的，一般不超过 1 纳秒（10^{-9} 秒）。

当入射光的频率大于极限频率时，光电流的强度与入射光的强度成正比。

当试图用电磁理论和光的波动学说去解释光电效应时，科学家们陷入了困境。经典的波动理论在描述光的能量时认为：光的能量是连续的；光波振幅（光强）越大，光能越大，光的能量与频率无关。这样一来得出的结论必然是只要光强够大，总能使金属发生光电效应，而且光的强度与金属中逸出电子的动能成正比。实验结果却表明，能否发生光电效应与光强无关，而是取决于光的频率，且用同一频率的光照射时不论光强多大，所有逸出的电子都具有同样的最大动能。也就是说，金属中被打出来的电子动能也与光的强度无关。实验规律中还有一点与光的波动性相矛盾，即光电效应的瞬时性。按波动性理论，如果入射光较弱，但照射的时间加长一些，金属中的电子也能积累到足够的能量飞出金属表面。可事实是，只要光的频率高于金属的极限频率，无论光较强还是较弱，电子的产生几乎都是瞬时的。这样分析的结果是，四条实验规律中的三条波动理论都无法解释。

于是，光电效应成了摆在光波动理论面前的巨大困难。直到 1905 年，爱因斯坦通过一篇《关于光的产生和转化的一个推测性观点》的论文，对光电效应给出了一种合理的解释，问题才得以圆满解决。

爱因斯坦借鉴并进一步发展了普朗克的“能量子”假说，他提出了“光子说”：在空间中传播的光也不是连续的，而是一份一份的，每一份称为一个光量子，简称光子。光子能量和频率成正比，即 $\varepsilon=h\upsilon$。爱因斯坦利用光子说结合能量守恒，给出了光电效应遵循的规律 $E_k=h\upsilon-W$，现称为爱因斯坦光电效应方程。式中 E_k 表示电子的最大动能，W 是金属的逸出功，其数值代表了原子核对核外电子的束缚能力。根据这个方程，当光照射在金属表面时，光子的能量传递给电子，电子获得能量可能从金属中逸出。由于光子的能量只与光的频率成正比，因而只有大于一定频率的光，才能提供足够的能量把电子从金属中打出来。一个光子可以使一个电子从金属中逃逸，进而得到由光电子形成的电流。光强度增强只是提高了光子的数量，每一份光子的能量不变。但如果光子能量（频率）不够，是不能把电子“请”出来的，数量再多也没有用。如果能发生光电效应，光强增加就意味着更多电子的逸出，也就是有更大的光电流。就这样，光量子理论以简洁清晰的方式解释了光电效应，爱因斯坦也因此荣获 1921 年诺贝尔物理学奖。

爱因斯坦克服了普朗克量子假说的不彻底性，他认为光不仅仅在发射和吸收的时候是不连续的，光本身也是不连续的，在传播的过程中也是不连续的。也就是说，光自始至终都是不连续的，都是量子化的。这种观点在当时可谓石破天惊，彻底颠覆了人们对光的认识。同时，光量子理论把 200 多年前关于光的本性问题的讨论又重新摆到人们面前：光究竟是什么？是波，还是粒子？

波粒二象性与物质波

物理学中把物质的运动区分为粒子式的运动与波动，二者的行为方式截然不同。一只小鸟要么飞在空中，要么在树枝上或者其他地方休息、觅食，某个时刻只能出现在一个位置；飞向靶子的一枚子弹，不管打中几环，最终只能落在靶子的一个位置上。往池塘中扔一个石块，它激起的水波会扩散到一大片水域；老师在讲台上讲课发出的声波，教室里的每个同学都能听到。如果波表现得像粒子、粒子表现得像波，会怎样呢？老师讲了一节课，只有一个同学能听到；你向靶子发射子弹，整个靶子全是弹孔……这显然是不可思议的。我们身边的宏观世界的所有运动物，要么体现粒子的性质，要么体现波的性质，不会有混淆，更不会二者兼而有之。可是，微观世界就大不相同了。

先说说光的事儿。光是波还是粒子呢？这个问题由来已久。牛顿等人认为光是粒子，而惠更斯等人认为光是一种波，两种观点展开了旷日持久的争论。在 19 世纪以前的 100 多年里，一直是微粒说占主导地位。直到 19 世纪初，人们从实验中观察到了光的干涉、衍射现象，证明了光的波动性，波动说才获得公认。光的波动理论迅速发展，麦克斯韦提出的电磁波理论使波动说进一步完善。20 世纪初，黑体辐射和光电效应问题的解决又让人们认识到光的粒子性（不连续性）。于是，光具有波粒二象性的观点被确立起来，并延续至今。

光什么时候显示波动性，什么时候显示粒子性呢？通过大量实验和研究，人们得出的结论是：大量光子表现出波动性，少量光子表现为粒子性；光在传播过程中表现出波动性，在与物质相互作用时表现出粒子性；光的波长越长（频率越低），波动性越强；光的波长越短（频率越高），粒子性越强。

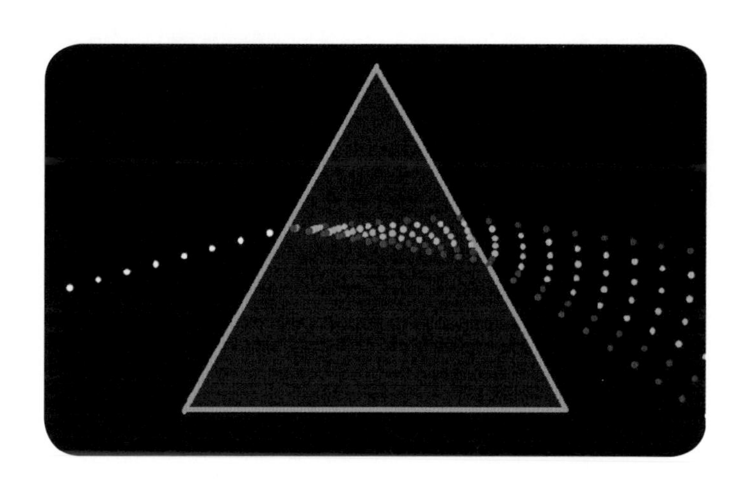

光的波粒二象性观点令很多人难以理解，一方面是因为物理学发展到了微观领域，事物越来越抽象，另一方面我们也需要思维的转变，接受事物的多面性。比如，用光照射一个圆柱体，如果只让你根据影子来判断物体的形状，从不同的角度看，你会得到不同的答案。理解光的波粒二象性时要注意，这里的“波”不能与我们宏观观念中的波等同，“粒”也不能与通常的实物粒子等同。这里的“粒”指的是一种“量子化的不连续性”，而“波”指的是“概率波”。

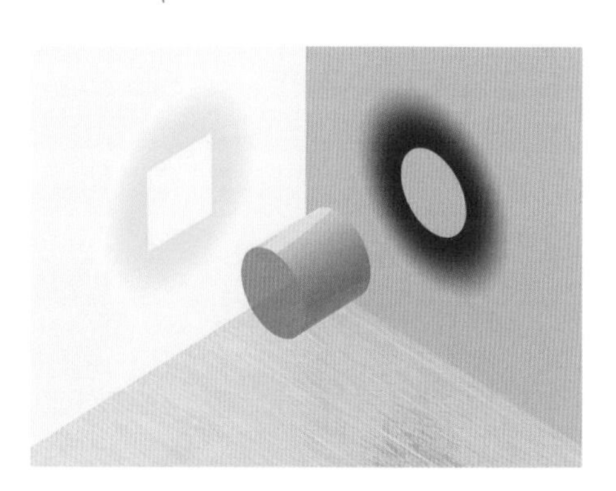

何谓“概率波”？以双缝干涉为例，造成干涉图样中明纹与暗纹分布的根本原因是什么？干涉条纹之所以形成，是因为到达明纹处的光子数多，到达暗纹处的光子数少。控制通过双缝的光子数（曝光量），可以发现少量光子落到光屏上时，我们不能确定明暗纹的分布，大量光子落到光屏上才表现出明暗分布。明纹与暗纹呈现的是光子在空间各点出现的概率的大小，这种概率的大小可以用波动规律进行解释，所以从光子的概念上看，光是一种概率波。

波粒二象性是微观粒子的基本属性之一，不只是光子，任何亚原子粒子，如质子、中子、电子等，都具有波粒二象性。它们在运动中也是既像波又像粒子，这在一些精密设计的实验中都能观察到。法国巴黎大学的德布罗意于 1923 年提出电子、质子等实物粒子也具有波粒二象性，并于 1924 年在博士论文中正式发表一切物质都具有波粒二象性的论述，同时他还建议用电子在晶体上做衍射实验来验证。1927 年克林顿 • 戴维森与雷斯特 • 革末在贝尔实验室将电子射向镍结晶，观察到了电子的衍射，证实了德布罗意的理论。德布罗意因此获得 1929 年诺贝尔物理学奖，是第一位仅凭学位论文就获得诺奖的人。

德布罗意

德布罗意提出的与实物粒子相联系的波被称为物质波，也叫德布罗意波。德布罗意波的波长满足 $\lambda=h/p$，其中 $h=6.626\times10^{-34}$J•s，为普朗克常量，p 是粒子的动量大小。我们在日常生活中观察不到宏观物体的物质波，是因为物体质量太大，导致物质波波长比可观测的极限尺寸小得多，所以我们既看不到也测量不到，宏观物体仅表现出粒子性。

一沙一世界
——原子结构与原子核

α 粒子散射实验与原子的核式结构

人们为揭示原子结构的奥秘，经历了漫长的探索过程。1808 年，英国化学家、物理学家道尔顿最先提出了原子理论。他认为物质都是由原子直接构成的，原子是一个实心球体，是不能再分的粒子。到了 1897 年，英国科学家汤姆生利用阴极射线管发现原子中存在电子，成为第一个发现电子的人。电子的发现使人们认识到原子是可以再分的，原子内部存在结构。汤姆生根据自己的发现，提出了一个类似于“葡萄干蛋糕”的原子模型，也叫“西瓜模型”。汤姆生认为原子呈圆球状，充斥着正电荷，而带负电荷的电子则像一粒粒葡萄干一样镶嵌其中。这个模型可以解释原子为什么是电中性的。

汤姆生

但是，1911 年的一个实验证明，“葡萄干蛋糕”模型存在问题——这一模型与事实并不相符。这个实验就是著名的 α 粒子散射实验，是由汤姆生的学生卢瑟福完成的。

汤姆生才华横溢，而且是位优秀的导师。他 28 岁便当选为英国皇家学会会员，还成为卡文迪许实验室的领军人物，获得 1906 年的诺贝尔物理学奖。他的七个学生和儿子也获得了诺贝尔奖，卢瑟福便是其中的一位。汤姆生发现电子是人类第一次发现比原子小的微粒，加上汤姆生地位很高，所以“葡萄干蛋糕”模型很是深入人心。其实卢瑟福本身也是很相信这个模型的，他做 α 粒子散射实验并不是想要刻意去推翻它，只是刚好赶上人类发现天然放射现象——有一些放射性元素会自发放射出高速运动的 α 粒子。α 粒子就是

卢瑟福

氦原子核，即氦原子去掉电子后的部分，带正电。

卢瑟福及助手把金箔碾压到微米级厚度，然后在真空环境中用放射性元素粒子源发出的 α 粒子轰击金箔。经测算，实验中金箔对 α 粒子的拦截作用相当于 1.5 毫米的空气，所以按照汤姆生的模型，所有 α 粒子应该都能穿过金箔沿原方向前进。然而，实验结果出乎卢瑟福意料：绝大多数 α 粒子穿过金箔后仍沿原来方向前进，少数 α 粒子发生了较大的偏转，极少数 α 粒子的偏转超过 90°，有的甚至几乎被 180° 弹回。

怎么解释少数 α 粒子的大角度偏转甚至被弹回？借用卢瑟福的话说，“就好像把一颗炮弹发射到一张纸上竟被弹回来一样不可思议”。事实摆在眼前，他不得不再提出一个新的模型来解释这些实验结果，确定了原子内部必须有个小原子核。一起来分析一下：

大多数 α 粒子能穿透金箔而不改变原来的运动方向，说明了金原子中绝大多数部分是空旷的，原子不是一个实心球体。少部分 α 粒子改变原来的方向，原因是这些 α 粒子途经金原子核附近时受到排斥而改变运动方向。极少数的 α 粒子被反弹了回来，说明 α 粒子在原子中碰到了电性相同且比其质量大许多的粒子。据此，卢瑟福提出了原子的核式结构模型：在原子的中心有一个很小的原子核，原子的全部正电荷和几乎全部质量都集中在原子核里，带负电的电子在核外空间绕核旋转。原子核很小，从尺度上看，原子直径的数量级为 10^{-10}m，而原子核直径的数量级仅为 10^{-15}m。因电子绕原子核的运动与行星环绕太阳公转类似，故原子的核式结构也称为“行星式原子结构”。卢瑟福提出的模型把原子结构的研究引上了正确的轨道，因此他被称为“原子物理之父”。

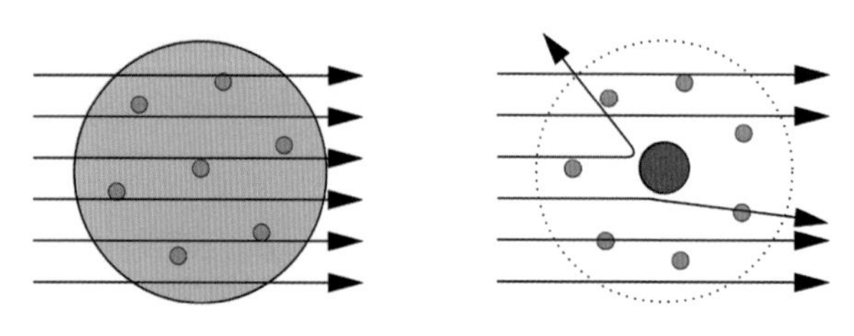

汤姆生模型与卢瑟福模型的区别

很快，学者们发现卢瑟福模型引出了一个严重的问题。根据电动力学的经典理论，环绕原子核的电子在加速运动中会辐射出能量，造成原子的不稳定。为了完善这个模型，同时也为了便捷地解释氢原子发光的问题，玻尔原子模型诞生了。

氢原子光谱与玻尔的原子模型

在原子里面，电子运动有什么特点、运动轨道是怎样的？此类问题难以直接研究，因为原子太小了。好在核外电子在运动发生变化时会放出能量，这些能量以光子的形式辐射

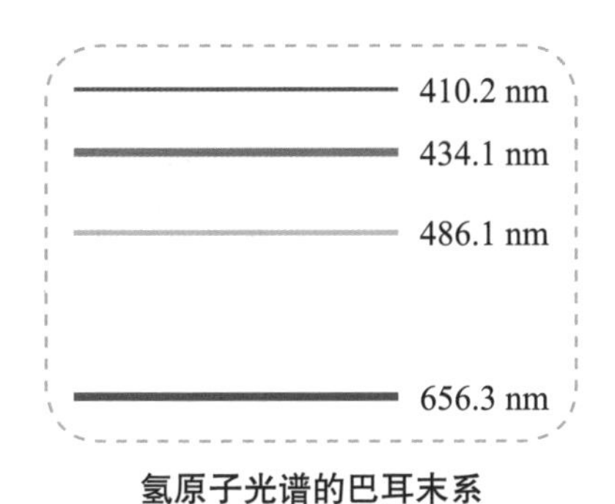

氢原子光谱的巴耳末系

出来，就是发光现象。所以通过原子发出的光谱来研究原子结构是一种有效的间接方法。人们使用棱镜摄谱仪或光栅摄谱仪把光分开加以研究。

1885 年，瑞士数学家巴耳末发现氢原子光谱可见光部分的规律。后来莱曼、帕邢等人又研究了氢原子光谱中紫外线和红外线的光谱规律。这些光谱有一个共同的特点：都不是连续的，而是分立的；都是一些特定频率光的分布。

根据经典电磁理论和卢瑟福的原子模型，电子绕核做匀速圆周运动，加速运动的电子将不断向外辐射电磁波，原子不断向外辐射能量，能量逐渐减小，电子旋转的频率也逐渐改变，发射光谱应是连续谱。为什么光谱会是分立的呢？于是在 1913 年，年仅 28 岁的丹麦物理学家玻尔，创造性地把量子概念用到了当时人们有所怀疑的卢瑟福原子结构模型上，圆满解释了争论近 30 年的氢光谱之谜。玻尔也因此于 1922 年获得诺贝尔物理学奖。

玻尔

为了便于理解，我们将玻尔原子模型归纳为三大假设——能级假设，跃迁假设与轨道假设：

原子只能处于一系列不连续的能量状态（定态）中。在这些能量状态中，原子是稳定的，电子虽然绕核运动，但并不向外辐射能量。

原子从一种定态跃迁到另一种定态时，它辐射或吸收一定频率的光子。光子的能量由这两个定态的能量差决定，即 $h\nu=E_m-E_n$，h 是普朗克常量。

原子的不同能量状态跟电子在不同的圆周轨道绕核运动相对应。原子的定态是不连续的，因此电子可能的轨道也是不连续的。

玻尔理论不但成功地解释了氢光谱的巴耳末系（是电子从高能级跃迁到 $n=2$ 的能级时辐射出来的系列光），而且对当时已发现的氢光谱的另一线系——帕邢系（近红外区）也能做出很好的解释。帕邢系是电子从高能级向 $n=3$ 的能级跃迁时辐射出来的。此外，玻尔理论还预言了当时尚未发现的氢原子的其他光谱线系，这些线系后来相继被发现，也都跟玻尔理论的预言相符。

玻尔理论的提出为量子理论体系奠定了基础，但也有其局限性。这个理论本身仍是以经典理论为基础，虽然第一次将量子观引入原子领域，提出定态和跃迁的概念，但只能解释氢原子的光谱，在解决其他原子的光谱时就遇到了困难。在量子力学中，核外电子并没有确定的轨道，玻尔提出的电子轨道只不过是电子出现概率较大的地方。把电子的概率分布用图像表示时，用小黑点的稠密程度代表概率的大小，其结果如同电子在原子核周围形成的云雾，称为“电子云”。但这不影响玻尔理论的价值——它在经典力学和量子力学之间搭设了一座桥，桥的另一端有无限风光，等待人类去探索。

贝克勒尔

天然放射现象与半衰期

1903 年，居里夫妇和法国物理学家贝克勒尔由于在放射学方面的深入研究和杰出贡献，共同获得诺贝尔物理学奖。放射性的发现对于近代物理学的发展有重大意义，原子核物理学正是起源于对放射性的研究。

居里夫人

1896 年 3 月的一天，贝克勒尔偶然发现抽屉里用黑纸包好的感光底片感光了，与感光底片一起锁进抽屉里的是铀盐。他推测这可能是因为铀盐发出了某种未知的辐射。同年 5 月，他又发现纯铀金属板也能产生这种辐射，这是人类第一次发现某种元素的自发辐射现象。贝克勒尔最终确认了天然放射性的存在，它说明原子核内部具有复杂的结构。

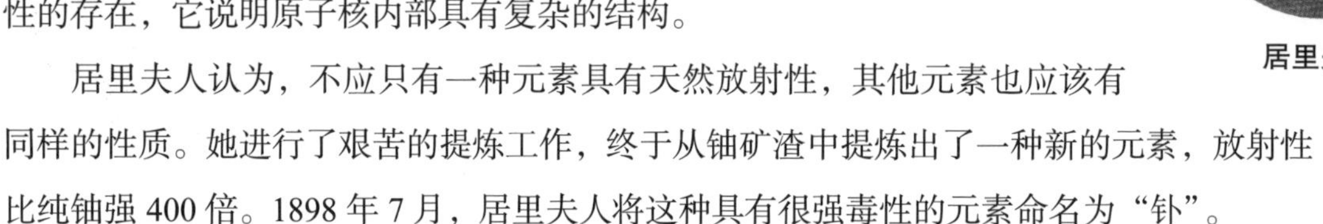

居里夫人认为，不应只有一种元素具有天然放射性，其他元素也应该有同样的性质。她进行了艰苦的提炼工作，终于从铀矿渣中提炼出了一种新的元素，放射性比纯铀强 400 倍。1898 年 7 月，居里夫人将这种具有很强毒性的元素命名为“钋”。

同年 12 月，居里夫人宣布他们又发现了新的元素——“镭”。后来，居里夫妇用了四年时间，在 1902 年才从 8 吨矿渣中提炼出 0.1 克镭盐，分析了镭盐的两根特征光谱线，并宣布镭的原子量为 225。镭的发现引人瞩目，卢瑟福对镭的放射性进行了研究，他发现并命名了天然放射中的两种射线：α 射线（即氦核粒子流）和 β 射线（即高速电子流）。后来，法国人维拉德发现了天然放射中的第三种射线——γ 射线，它是一种波长比 X 射线还短的电磁波。

	α 射线	β 射线	γ 射线
组成	高速氦核流	高速电子流	高频光子流
带电量	$2e$	$-e$	0
质量（质子的倍数）	$4m_p$	$m_p/1840$	静止质量为零
速度（光速的倍数）	$0.1c$	$0.99c$	c
在与速度垂直的电磁场中	偏转	偏转	不偏转
贯穿本领	最弱，用一张厚纸能挡住	较强，能穿透几厘米厚的铝板	最强，可穿透几厘米厚的铅板
对空气的电离作用	很强	较弱	很弱
通过胶片的情况	感光	感光	感光

放射性并不专属于少数几种元素。研究发现，原子序数大于 83 的所有元素都能自发放出射线；原子序数小于 83 的元素，有的也具有放射性。天然放射现象中，原子核放出 α 粒子变成另一种原子核的变化称为 α 衰变，原子核放出 β 粒子变成另一种原子核的变化称为 β 衰变，γ 射线伴随 α 衰变、β 衰变发生。

某种放射性元素的原子核，其衰变的速率是一定的。放射性元素的原子核有半数发生衰变所需的时间称为半衰期。半衰期的长短由原子核内部的因素决定，跟原子所处的物理或化学状态无关。不同的放射性元素半衰期不同，长的可达百亿年，短的还不到百万分之一秒。注意，半衰期是统计规律，对少量原子核不适用。

考古学家常使用放射性同位素作为“时钟”，来测量漫长的地质时间，这样的方法叫作放射性同位素鉴年法。三位美国科学家应用碳 -14 发明了碳 -14 年代测定法，获得了 1960 年的诺贝尔化学奖。碳 -14 的半衰期为 5730 年，衰变方式为 β 衰变，碳 -14 原子会转变为氮原子。生物在生存的时候，由于新陈代谢，吸收或放出二氧化碳的过程不断进行，体内的碳 -14 含量大致不变。生物死去后停止呼吸，体内的碳 -14 开始减少，这样我们就可以根据死亡生物体内残余的碳 -14 的组成来推断其死亡时间，也就是推断出它们生存的年代。假如有一份古生物遗骸，其中碳 -14 在碳原子中所占比例是现代生物的四分之一，说明遗骸中的碳 -14 已发生两个半衰期的衰变，其死亡时间（生存年代）距今大约 11460 年。

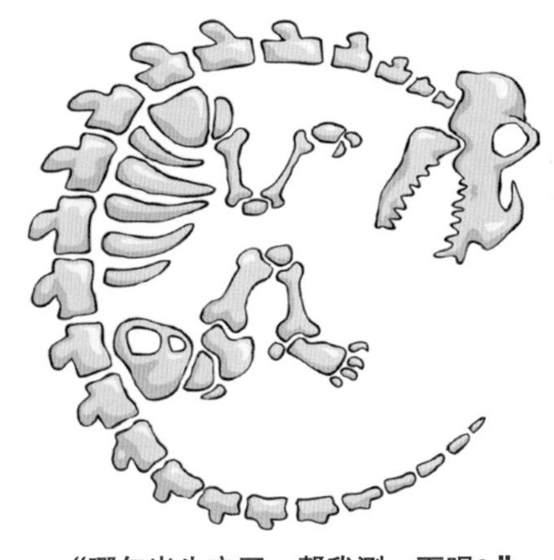

“哪年出生忘了，帮我测一下呗？”

核裂变与核聚变

1939 年开始的第二次世界大战让人类损失惨重，但战争期间，科学技术迅速发展，原子弹的发明就是典型的例子。

先从中子的发现说起。起初，人们认为原子核都是由质子构成的，后来科学家在研究中发现，原子核的正电荷数与它的质量数并不相等。1930 年，有科学家用 α 粒子轰击铍，得到了一种穿透力很强的中性射线，他们以为是 γ 射线，未加理会。我们姑且称之为“铍射线”吧。1931 年，居里夫人的女儿和女婿公布了他们的发现：石蜡在“铍射线”照射下产生了大量质子。英国物理学家查德威克立刻意识到，对于原子核正电荷数与质量数不等的谜题，这种“铍射线”很可能就是解谜的关键。他立刻着手研究，用云室（显示能导致电离的粒子径迹的装置）测定这种射线粒子的质量，发现其质量和质子几乎一样，而且不带电荷，他称这种粒子为“中子”。因发现中子，查德威克获得 1935 年的诺贝尔物理学奖。

中子的发现拉开了人类利用核能（原子能）的序幕。1938 年，德国物理学家奥托•哈恩发现，用中子轰击铀 -235，会生成钡 -141、氪 -92 和 3 个中子，并释放大量能量。这就是重核裂变反应，哈恩因此获得 1944 年的诺贝尔化学奖。核裂变的发现使二战开始后的德国成立了铀俱乐部，开始研究原子弹的可行性，领头人就是哈恩，还有一大批著名的科学家，如劳厄、海森堡、盖革等。与之对垒的美国也制定了制造原子弹的曼哈顿计划，领头人是奥本海默，参与者有玻尔、查德威克、费米等。最终曼哈顿计划达成目的，原子弹以毁灭性的恐怖力量加速了二战的终结。战后，哈恩等科学家都认识到核武器的巨大危害，为警示世人与各国政府，他们后来都付出了很大的努力。

核裂变的原理其实并不复杂，就是用中子去轰击裂变材料的重原子核。通俗地说，核裂变就是原子核被中子的轰击炸开了。能被炸开的一般是元素周期表靠后的元素，统称为重原子。当一个重原子发生裂变后，生成的两个更轻的原子和中子加起来也没有重原子质量大，这种现象叫作质量亏损。核裂变放出的能量可以用爱因斯坦著名的质能方程——$E=mc^2$ 计算出来。如果质量亏损为 Δm，则释放的原子能为 $\Delta E=\Delta mc^2$，比如 1 克铀完全裂变产生的能量相当于 2.5 吨标准煤燃烧放出的能量。如果裂变物质体积大于某一个临界体积，裂变产生的中子又会轰击其他的重原子核，这样一来在极短时间内就释放了巨大的能量，这种过程就称为链式反应。经测算，1 千克的铀发生链式反应，产生的热量能烧开 2 亿吨的水！

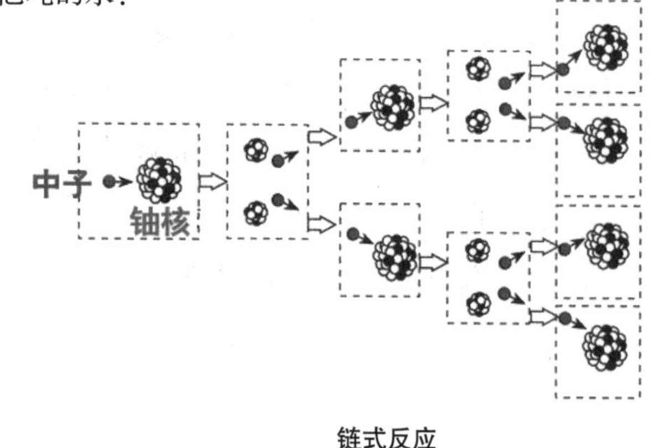

链式反应

用火柴模拟链式反应

从费米在美国芝加哥大学建立人类第一个核反应堆开始，到后来的原子弹，再到现在的核电站，这些都是核裂变的产物。裂变能量是人们目前利用的主要的核能量。同时，人们也发现铀矿石含铀量很小，提纯很困难，而且核裂变产生的核废料有很强的辐射，所以现在核能利用的一个重要方向是可控的核聚变技术。

核聚变指的是两个质量小的轻原子核（如氢的同位素氕、氘、氚）结合成一个稍重一些的原子核（如氦）并释放能量的核反应。核聚变过程也有质量亏损，且放出的能量更大。比如一个氘核和一个氚核结合成一个氦核，同时放出一个中子，会释放 17.6MeV 的能量，平均每个核子放出的能量在 3MeV 以上，比裂变反应中平均每个核子释放的能量大 3~4 倍。

使两个轻核聚在一起发生核反应并不容易。只有当反应物质达到百万甚至千万摄氏度以上的高温时，剧烈的热运动使得一部分原子核具有足够动能，可以克服相互间的库仑斥力，才会在碰撞时发生聚变。因此，聚变反应又叫热核反应。我们常常提起的太阳能，或者说太阳辐射的能量，就来自太阳内部不断进行的核聚变。根据质能方程和太阳辐射能数值，可以算出太阳每秒质量亏损 400 万吨，相当于 5 亿 ~6 亿吨的氢元素发生了核聚变，这是人类难以想象的景象。太阳以损耗自我质量的方式释放能量，因此太阳也是有寿命的。不过你大可放心，恒星的寿命很长，几十亿年后太阳才会坍缩成白矮星。

人类已经可以实现不受控制的核聚变，如氢弹的爆炸。但是想要有效利用核聚变能量，必须能够控制核聚变的速度和规模，实现持续平稳的能量输出，即实现受控核聚变。受控核聚变具有极其广阔的前景，一方面核聚变释放的能量更巨大，另一方面核聚变所需的原料——氢的同位素可从海水中提取。1 升海水提取出的氘进行核聚变放出的能量，相当于 300 升汽油燃烧释放的能量。受控核聚变如能研究成功，将使人类彻底摆脱能源危机的困扰，这是目前核科学家们正在研究的重大课题。

脑洞物理学

Task1 如何用胶片保存声音

电影胶片与照相机胶片并不完全相同，电影的声音是保存在胶片上的。电影胶片为了连续放映，在画面两边还有一个个的格子，而格子内侧的一部分空间就用来存放声音信息。摄制时，把声音信号转化成光信号记录在胶片上，放映时利用光电管再逆向转换回来。电影胶片虽然经历了多次变革，这种声音的基础承载方式却是没有什么变化（当然，数字电影的声音与图像一起被转成数字信号了，那是另外一回事了）。思考一下，再查找资料，试着分析光电效应在电影技术中的应用。

Task2 薛定谔的猫

“薛定谔的猫”这个词总是出现，它到底是什么意思呢？难道就是一只猫吗——会量子力学的猫？查阅相关资料，尝试寻找答案吧。如果已经弄清楚了它的概念，试试看转述给别的同样好奇的人。

（提示：“薛定谔的猫”是奥地利著名物理学家薛定谔提出的一个思想实验，是指将一只猫关在装有少量镭和氰化物的密闭容器里。镭有一定概率发生衰变，如果衰变发生，会触发机关打碎装有氰化物的瓶子，猫就会死；如果镭不发生衰变，猫就存活。根据量子力学理论，由于放射性的镭处于衰变和没有衰变两种状态的叠加，猫就理应处于死活叠加状态。这只既死又活的猫就是所谓的“薛定谔猫”。但是，不可能存在既死又活的猫，必须打开容器后才知道结果。该实验试图从宏观尺度阐述微观尺度的量子叠加原理问题，巧妙地把微观物质在观测后是粒子还是波的存在形式和宏观的猫联系起来，以此求证观测介入时量子的存在形式。随着量子物理学的发展，薛定谔的猫还延伸出了平行宇宙等物理问题和哲学争议。）

Task3 量子纠缠？纠缠谁？

科技新闻中经常提到的“量子纠缠”是什么意思？试着简单了解一下它的概念。然后想一想，为什么它可以应用于信息安全领域，制作出更加可靠的密码系统呢？

（提示：2017 年 6 月，中国的量子科学实验卫星“墨子”号首先成功实现使两个量子纠缠的光子相距 1200 千米以上仍可保持量子纠缠状态。量子保密通信技术已经从实验室逐渐走向产业化。通过发射卫星，后续就可以实现数千千米距离的量子通信。）

学霸笔记

1. 量子论、波粒二象性与物质波

1900 年 12 月 14 日，普朗克以《关于正常光谱的能量分布定律的理论》为题，宣布了自己大胆的假设。此后，人们将这一天定为量子论的诞生日。普朗克首先提出了能量量子化的概念，以此为前提解释了黑体辐射，从而开启了量子力学的大门。

光电效应指的是在光的照射下金属逸出电子的现象。光电效应中逸出的电子叫光电子，把光电子收集起来形成的电流称为光电流。爱因斯坦借鉴并进一步发展了普朗克的“能量子”假说，提出了“光子说”。

爱因斯坦克服了普朗克量子假说的不彻底性，他认为光不仅仅在发射和吸收的时候是不连续的，光本身也是不连续的，在传播的过程中也是不连续的。也就是说，光自始至终都是不连续的，都是量子化的。这种观点彻底颠覆了人们对光的认识。

波粒二象性是微观粒子的基本属性之一，不只是光子，任何亚原子粒子，如质子、中子、电子等，都具有波粒二象性。

德布罗意提出的与实物粒子相联系的波，被称为物质波，也叫德布罗意波。德布罗意波的波长满足 $\lambda=h/p$，其中 $h=6.626\times10^{-34}\mathrm{J\cdot s}$，为普朗克常量，$p$ 是粒子的动量大小。在日常生活中观察不到宏观物体的物质波，是因为物体质量太大，导致物质波波长比可观测的极限尺寸小得多，所以宏观物体仅表现出粒子性。

2. 原子结构、原子核、放射现象与原子能

卢瑟福 α 粒子散射实验结果显示：绝大多数 α 粒子穿过金箔后仍沿原来方向前进，少数 α 粒子发生较大偏转，极少数 α 粒子偏转超过 90° 甚至被 180° 弹回。这个结果让他提出原子的核式结构：在原子中心有一个很小的原子核，原子的全部正电荷和几乎全部质量都集中在原子核里，带负电的电子在核外空间绕核旋转，原子核很小。

氢原子光谱不是连续的，而是分立的，与卢瑟福的原子模型不符。玻尔创造性地把量子概念用到原子结构模型中，圆满解释了氢光谱之谜。但这个理论本身仍是以经典理论为基础，有其局限性。

放射性的发现对近代物理学的发展有着重大意义，带人们走进原子核的世界。此后，中子的发现拉开了人类利用原子能的序幕。如何和平地利用原子能，如何清洁高效地让原子能转化为能够直接使用的形式，人类还有许多工作要做。